高等职业教育计算机类专业系列教材

计算机组装与维护
实训教程（第三版）

JISUANJI ZUZHUANG YU WEIHU SHIXUN JIAOCHENG（DI SAN BAN）

主　编　王来志　姚　进

副主编　张二兵　韩竖峰　陈　毅　高　爽　罗元成

西安电子科技大学出版社

内 容 简 介

本书以培养高素质技术技能人才为目标，立足于高等职业教育的"理实一体化"教学理念，采用"项目引领、任务驱动"的模式组织内容。全书共七个项目，包括计算机整机与配件及其选购、组装计算机硬件、合理设置 BIOS、启动 U 盘的制作、硬盘分区与格式化、操作系统的安装与维护、计算机软硬件优化与维护。项目之间逻辑连贯、层层递进。本书强调"在做中学，在学中做"，通过一系列真实的任务，切实提升学生的动手实践能力、规范操作素养与岗位核心竞争力。

本书既可作为高等职业院校计算机相关专业的教材，也适合作为广大计算机爱好者、DIY 发烧友以及期望从事 IT 支持与维护工作的技术人员的自学与参考用书。

图书在版编目（CIP）数据

计算机组装与维护实训教程 / 王来志，姚进主编. --3 版. -- 西安：西安电子科技大学出版社，2025. 9. -- ISBN 978-7-5606-7740-8

Ⅰ. TP30

中国国家版本馆 CIP 数据核字第 2025NR4866 号

策　　划　刘玉芳
责任编辑　刘玉芳
出版发行　西安电子科技大学出版社（西安市太白南路 2 号）
电　　话　(029) 88202421　88201467　　　邮　　编　710071
网　　址　www.xduph.com　　　　　　　电子邮箱　xdupfxb001@163.com
经　　销　新华书店
印刷单位　咸阳华盛印务有限责任公司
版　　次　2025 年 9 月第 3 版　　　　　　2025 年 9 月第 1 次印刷
开　　本　787 毫米×1092 毫米　1/16　　印　　张　13.5
字　　数　295 千字
定　　价　42.00 元（含实训报告）
ISBN 978-7-5606-7740-8
XDUP 8041003-1
＊＊＊如有印装问题可调换＊＊＊

前　言

　　计算机已经成为人们日常生活和工作中不可缺少的工具，然而在使用过程中人们经常会遇到计算机系统安装，计算机日常维护、基本故障处理等问题，由此产生了对掌握相关技能人才的需求。因此，许多应用型高校都开设了"计算机组装与维护"公选课，部分理工科专业还把"计算机组装与维护实训"作为基本技能训练列入人才培养方案。本书作为介绍计算机组装与维护方面的实训教材，力图做到与市场相结合，紧跟计算机新产品、新技术发展的步伐，让读者掌握最新、最前沿和最实用的技术，以满足读者的工作、生活所需。本书重在实践技能，较少涉及计算机相关理论。

　　为确保教材的编写质量，突出技能操作，弱化理论讲解，本书的编写团队深入相关企业，对硬件技术工程师、硬件维护工程师和桌面运维工程师等工作岗位进行了调研，将这些岗位所需的知识、技能以及典型工作任务进行分析，精心选取了相关内容。我们参照工业和信息化部电子教育与考试中心"硬件技术工程师"和"硬件维护工程师"职业技术认证考试大纲，将第二版教材内容进行重新整合，并按硬件技术工程师成长规律，对教材内容从逻辑上进行了优化，同时依据高等职业技术教育最新理念，按"项目引领、任务驱动"的方式进行教学设计。

　　全书内容包含七个实训项目，最后附有每一项目对应的实训报告，具体内容安排如下：

　　项目一围绕"计算机系统的构成""认识及选购计算机整机""认识与选购计算机配件"等典型任务，介绍了计算机系统的体系结构、计算机系统的基本类型、计算机整机与配件及其选购。

　　项目二介绍台式机和笔记本电脑的拆卸与组装，培养读者实际拆卸与组装计算机、进行计算机日常维护、为笔记本电脑加装 SSD 固体硬盘与内存条等实际动手能力。

　　项目三以台式机和笔记本电脑为对象详细介绍目前三种主流 BIOS 的设置方法。

　　项目四详细介绍了目前最新启动 U 盘的几种制作工具及其使用方法。

　　项目五详细介绍了目前硬盘分区的主流方法及大硬盘的分区。

　　项目六详细介绍了目前常用操作系统（Windows 10/11、macOS、Linux、国产操作系统)及其安装方法。

项目七包含计算机硬件的维护与故障判断、计算机软件系统的优化与维护和外围设备与计算机的连接及共享三个任务，详细介绍了计算机硬件保养方法、常见故障的判断与解决方法、计算机系统的备份与还原、打印机的连接与共享及家用网络无线路由的设置方法。

本书具有以下特色：

(1) 每个项目用丰富的实例讲解计算机硬件和组装操作，便于读者学习。

(2) 提供了大量精美的图片，帮助读者迅速掌握计算机组装与维护的操作知识。

(3) 每个项目后针对性地设置了相关思考题，便于读者查漏补缺。实训报告中的每个项目和正文一一对应，既可以达到测试的目的，又可以作为教师评价学生成绩的依据。

(4) 提供了配套的 PPT 课件，读者可通过扫描书后二维码下载。

为紧跟计算机技术的飞速发展，满足广大读者对前沿知识与实用技能的学习需求，与前两版相比，本版进行了全面且细致的更新，具体如下。

(1) 项目一至项目五：对新技术名称进行了全面更新，确保所涉及的技术与当前行业最新发展同步，让读者能第一时间接触到前沿技术概念。更换了产品照片，让读者更直观地了解当前市场上主流的计算机硬件的外观与细节，增强对硬件产品的感性认知，为后续的组装与维护学习打下坚实基础。

(2) 项目六：鉴于操作系统领域发展日新月异，对项目六进行了彻底更新。依据操作系统的新技术特性，从内容框架到具体知识点均进行了重新梳理与编写，涵盖操作系统的最新版本特性、安装流程、优化设置以及常见问题解决等关键环节，旨在帮助读者掌握当下主流操作系统的核心知识与实操技能，熟练应对日常使用及维护场景。

(3) 项目七：结合行业实际需求与技术发展趋势，对项目七中任务 2 的内容进行了优化与拓展，更新了相关知识点与实操步骤，使其更贴合当下计算机维护工作的实际要求，提升读者在复杂维护任务中的应对能力与专业素养。

本书的编写人员为高校实验室管理一线教师和行业一线技术人员，他们不仅有丰富的理论知识，而且具有丰富的实际操作经验。书中融合了大量实践经验和实际工作中所积累的案例。项目三、项目五、项目六由重庆城市管理职业学院高级实验师王来志编写并由其完成全书统稿；项目一、项目四及附录由重庆城市管理职业学院实验师张二兵、重庆财经职业学院实验室管理员韩竖峰、重庆城市管理职业学院高级工程师陈毅共同编写；项目二、项目七由重庆城市管理职业学院副教授姚进、重庆工程职业技术学院高级实验师罗元成、重庆市北碚职业教育中心高爽共同编写。

本书在编写过程中得到了众多专业人士的大力支持，如惠普电脑重庆高教市场大客户经理肖兵、中国长城科技集团股份有限公司工程师袁帅、重庆百脑佳电器有限公司工程师何勇以及宏碁电脑重庆分公司硬件工程师刘宇。在此向他们表示衷心感谢。

在资料收集过程中，本书广泛参考了互联网公开信息、报刊媒体报道及学术共享资源。作者郑重声明：凡涉及直接引用的内容，均已通过原始链接或纸质出版物核查确认版权归属；加工改编的资料是在保留核心观点基础上进行的二次创作，著作权归原作者；对无法溯源的共享资料，承诺不用于商业用途，且未篡改原意。向所有为本书提供帮助的学者、媒体人及匿名创作者致敬，正是你们的智慧结晶让本书更具价值。

在编写过程中，我们始终本着科学、严谨的态度，力求精益求精，但因水平有限，书中难免会有不足之处，恳请广大读者批评指正。

编　者
2025 年 5 月

目　录

项目一　计算机整机与配件及其选购

任务1　计算机系统的构成

一、计算机系统

一个完整的具备可用性的计算机系统由计算机硬件和计算机软件两大系统共同组成，二者缺一不可。计算机系统的构成如图1.1所示。

图 1.1　计算机系统的构成

硬件和软件是互相依存的关系。硬件是软件赖以工作的物质基础，软件是硬件发挥作用的逻辑途径。随着计算机技术的发展，在许多情况下，计算机的某些功能既可以由硬件实现，也可以由软件实现。硬件与软件在一定意义上并没有绝对严格的界线，硬件和软件协同发展。计算机软件随硬件技术的迅速发展而发展，而软件的不断发展与完善又促进了硬件的更新，两者互相促进，交织发展。

二、计算机硬件系统

计算机硬件系统指构成计算机的电子线路、电子元器件和机械装置等物理设备，包括计算机的主机及外部设备。计算机硬件系统主要由运算器、控制器、存储器、输入设备和输出设备五部分组成。计算机系统的硬件结构如图1.2所示，硬件系统组成如图1.3所示。

图 1.2　计算机系统的硬件结构

图 1.3　计算机硬件系统组成

中央处理器(CPU)是系统的核心部件,是系统的心脏,其品质的高低直接决定了计算机系统的档次。CPU 从诞生到现在,先后出现了 4 位、8 位、16 位、32 位和 64 位的产品,CPU 的位数就是 CPU 可同时处理的二进制数的位数。

运算器由算术逻辑单元、累加器、状态寄存器、通用寄存器等组成。运算器的操作和操作种类由控制器决定。运算器处理的数据来自存储器,处理后的结果数据通常送回存储器,或暂时寄存在运算器中。

控制器负责对程序中的指令进行译码,并发出为完成每条指令所要执行的各个操作的控制信号。一般来说,控制器必须包括程序计数器、指令寄存器、指令译码器以及时序部件启停线路四个部件,用以完成获得指令、分析指令、执行指令、再取下一条指令等周而复始的工作过程。

存储器主要存放计算机中的数据和程序,是计算机中各种信息存储和交流的中心。按照在计算机中的作用,存储器可分为内存、外部存储器和高速缓冲存储器(简称高速缓存),

也就是我们通常所说的三级存储体系结构。

输入设备是用于让用户向计算机输入原始数据以及处理这些数据的设备。常见的输入设备有鼠标、键盘、摄像头和扫描仪等。

输出设备用来输出计算机的处理结果，这些结果可以是数字、字母、图形和表格等。常见的输出设备有显示器、打印机和绘图仪等。

另外，计算机硬件系统中还包括一些配件，如图 1.4 所示。

图 1.4　硬件系统中的其他配件

三、计算机软件系统

计算机软件系统是指计算机程序以及与之相关的文档，包括系统软件和应用软件两大类，如图 1.5 所示。

图 1.5　计算机软件系统组成

1. 系统软件

系统软件是计算机系统的灵魂所在，它如同一位无形的"总管家"，直接在硬件之上构建起一个有序的工作环境。它的核心职责是控制和协调计算机的 CPU、内存、硬盘及外部设备，同时为各类应用软件的开发和运行提供坚实的基础支撑。可以说，系统软件是连接用户与冰冷硬件(裸机)之间不可或缺的桥梁，其主要功能涵盖了系统调度、驱动、监控和维护等方方面面。

在庞大的系统软件体系中，操作系统(Operating System，OS)无疑是其绝对核心。我们日常接触的桌面操作系统，便是专为个人计算机和服务工作站设计的。它们通过友好的图形用户界面(GUI)，让复杂的技术操作变得直观便捷。在当今市场，由微软开发的 Windows 凭借其广泛的兼容性，主导着个人计算机领域，其主流版本包括 Windows 10/11，同时拥有 Windows Server 系列服务于企业端。而苹果公司则为其 Mac 系列计算机精心打造了以设计优雅、体验流畅著称的 macOS。此外，基于开源 Linux 内核的 Linux 发行版 OS 家族，以其高度的灵活性和稳定性，不仅在服务器领域(如 CentOS、RHEL)占据重要地位，也衍生出 Ubuntu、Fedora 等深受开发者喜爱的个人计算机操作系统。同时，为了保障信息安全，自主可控的国产操作系统如麒麟(Kylin)、鸿蒙(HarmonyOS)等也正蓬勃发展。当然，我们也不能忘记作为许多现代系统基石的 UNIX 及其衍生系统，它们至今仍在专业技术领域发挥着关键作用。

2. 应用软件

应用软件是为解决用户的各种实际问题而编制的计算机应用程序及其相关资料。应用软件包括办公软件以及影音娱乐、图形图像处理、浏览器等具体应用软件。

四、计算机硬件与软件的关系

普通用户是在应用软件层进行操作的，而应用开发人员是在系统工具和操作系统层进行开发的，操作系统开发人员则是在计算机硬件层进行研究的。计算机硬件与软件的关系如图 1.6 所示。

图 1.6   计算机硬件与软件的关系图

任务 2 　认识及选购计算机整机

一、计算机整机组成

计算机整机一般包含主机、显示器、键盘、鼠标、音箱等，如图 1.7 所示。

图 1.7 　计算机整机组成

二、计算机整机选购

1. 整机生产商

购买计算机时，首先应考虑计算机的品牌。目前，国内市场上比较知名的计算机整机品牌如图 1.8 所示。

Lenovo 联想	戴尔 戴尔	Microsoft 微软	惠普 惠普	acer 宏碁
HUAWEI 华为	Great Wall 长城	苹果 苹果	ASUS 华硕	mi 小米

图 1.8 　市场上常见的计算机整机品牌

图 1.8 中，对于相似类型或配置的计算机，苹果品牌的计算机价格较贵，华硕、宏碁、联想、惠普和戴尔等品牌的计算机所占的市场份额比较大。

2. 整机选购原则

1)认准需求

按照个人的实际需求确定整机的配置。每个人使用计算机的目的不尽相同,配置需求也就有所不同。以个人来说,如学生阶段以学习编程开发为主,走上工作岗位后以工作所需的行业软件为主;以环境来说,家庭娱乐强调多媒体、图形性能,生产服务则强调稳定性、可维护性。只有清楚购机需求,才能确定出整机的预算。

2)定好预算

在满足实际需求的情况下,以追求性价比为主确定预算。性价比是整机的性能值与价格值之比。一般来说,在达到性能需求时,该比值越高越值得购买。一旦确定好整机预算,如果不是需求发生变化,不要轻易更改预算。因为需求是没有止境的,而受支配的金钱是有限的,应采用量入为出的原则来选购计算机整机。

3)绝不盲从

在购买整机的过程中可能会听到各种意见,但这些意见往往带有倾向性或单方面强调某一性能,很少考虑到购买者的实际需求。如果盲目跟风,会使实际的整机配置轻易突破预算,为很少用到的功能付出更多的金钱。

任务 3 认识及选购计算机配件

一、主板

主板又称主机板(Main Board)、系统板(System Board)或母板(Mother Board),它既是连接各个部件的物理通路,又是各部件之间数据传输的逻辑通路。几乎所有的计算机设备都要连接到主板上。主板是计算机系统中最大的一块电路板。当计算机工作时,输入设备输入的数据由 CPU 处理,再由主板负责组织并输送到各个设备,最后经输出设备输出。主板是与 CPU 配套最紧密的部件,每出现一种新型的 CPU,制造商都会推出与之配套的主板。如果把 CPU 比喻成人的大脑,那么主板就是人体的躯干,主板将计算机中的重要部件整合在一起,让它们协调工作。

1. 主板的作用

主板是计算机中最重要、最核心的部件之一,它将计算机中各个重要的部件整合在一起,构成完整的计算机。主板如图 1.9 所示,其作用如下:

(1)将不同电压的部件连接在一起,并提供相应的电源电压;

(2)将不同功能的部件连接在一起,使它们相互传递信息;

(3)接收外来数据,并交给各种设备进行处理;

(4)将内部设备处理的数据集中并传递给外界;

(5)平衡计算机中的数据、能源、速度、温度、电流等。

图 1.9 主板

2. 主板的组成

1）芯片组

主板的芯片组一般由北桥芯片和南桥芯片组成。

北桥（North Bridge）芯片是主板芯片组中起主导作用的最重要的组成部分，也称主桥（Host Bridge）。一般来说，芯片组就是以北桥芯片的名称来命名的，例如 Intel 的 845E 芯片组的北桥芯片是 82845E，875P 芯片组的北桥芯片是 82875P。北桥芯片主要负责实现与 CPU、内存、AGP 接口之间的数据传输，提供对 CPU 的类型和主频、系统的前端总线频率、内存的类型（SDRAM、DDR SDRAM 以及 RDRAM 等）和最大容量、AGP 插槽、ECC 纠错等的支持。同时，北桥芯片通过特定的数据通道与南桥芯片和 CPU 相连接。因为北桥芯片的数据处理量非常大，发热量也最大，所以现在的北桥芯片都会覆盖散热片来加强其散热性能，有些主板的北桥芯片还配有风扇用于散热。

南桥（South Bridge）芯片是主板芯片组的重要组成部分，一般位于距离 CPU 插槽较远的下方，即 PCI 插槽的附近。南桥芯片负责通过各种总线（总线包含 PCI-E、PCI、USB 三大外设总线）连接外部设备，如磁盘、键盘、鼠标控制器、网卡、声卡、BIOS 芯片、并口、串口等。南桥芯片不与处理器直接相连，而是通过特定的数据通道和北桥芯片相连接。

当然，现在有些芯片组将南、北桥集成在一个芯片上，这也是芯片组的发展趋势。

主板芯片组几乎决定着主板的全部功能。其中，CPU 的类型，主板的系统总线频率，内存的类型、容量和性能，显卡插槽规格等，都是由芯片组中的北桥芯片决定的；而扩展槽的种类与数量、扩展接口的类型和数量（如 USB 3.0/2.0、IEEE 1394、串口、并口、笔记本电脑的 VGA 输出接口）等，则是由芯片组中的南桥芯片决定的。有些芯片组由于纳入了 3D 加速显示（集成显示芯片）、AC97 声音解码等功能，因此还决定着计算机系统的显示性能和音频播放性能等。主板芯片组如图 1.10 所示。

(a) 南桥、北桥芯片独立   (b) 南桥、北桥芯片合并

图 1.10   主板芯片组

芯片组几乎决定了其主板的功能，进而影响到整个计算机系统的性能，所以说芯片组是主板的灵魂。芯片组性能的优劣，决定了主板性能的好坏与级别的高低。这是因为目前 CPU 的型号与种类繁多、功能特点不一，如果芯片组不能与 CPU 良好地协同工作，将严重影响计算机的整体性能，甚至会使计算机不能正常工作。

2）支持平台

主板支持的平台有两种，分别是 Intel 平台和 AMD 平台。在 Intel 平台上，北桥芯片中含有内存控制器；在 AMD 平台上，内存控制器在 CPU 里。对于 Intel 平台而言，北桥芯片决定了系统支持的 CPU 与内存的类型；在 AMD 平台上则是 CPU 决定了内存的类型。

3）总线扩展槽

总线(Bus)是计算机各种功能部件之间传送信息的公共通信干线，是由导线组成的传输线束。按照计算机所传输的信息种类，计算机的总线可以划分为数据总线、地址总线和控制总线，分别用来传送数据、地址和控制信号。

总线是一种内部结构，它是 CPU、内存、输入/输出(I/O)设备传递信息的公用通道，主机的各个部件通过总线相连接，外部设备通过相应的接口电路再与总线相连接，从而形成了计算机硬件系统。

总线扩展槽是主板上用于固定扩展卡并将其连接到系统总线上的插槽，也称扩展槽、扩充插槽。扩展槽可用于添加或增强计算机的特性及功能，常用的有 PCI 扩展槽、AGP 扩展槽、内存插槽、CPU 插槽、IDE 接口、SATA 接口、HDMI 接口和电源接口，具体的使用方法将在后文中讲解。

4）主板选购

主板作为计算机中一个非常重要的部件，其质量的优劣直接影响着整个计算机的工作性能。

(1) 最先考虑的应是品牌。

目前市场上比较著名的品牌主板厂商有微星、技嘉、华硕等，这些主板的做工、稳定性、抗干扰性等，都处于同类产品的前列。更为重要的是这些品牌生产商提供了免费三年的质保，而且售后服务也非常完善。

　　当然，如果想要自己进行组装，也可以选择类似技铭、昂达、映泰等品牌的主板，它们大多数有良好的品质和较高的性价比，而且也提供一年或三年的质保期，比较适用于组装计算机。

　　（2）最先确定的应是平台。

　　依照支持 CPU 类型的不同，主板产品有 AMD 平台和 Intel 平台之分，不同的平台决定了主板的不同用途。相对来说，AMD 平台有着很高的性价比，而且平台日趋成熟，游戏性能比较强劲，是目前游戏爱好者的较好选择。虽然 AMD 平台日趋成熟但还是免不了存在一些问题，所以购买时尽量选择较稳定的平台。Intel 平台以稳定著称，但现在价格较高而且使用时散发的热量过大，并非个人的最好选择，而其平台的稳定和成熟是毋庸置疑的。

　　为了挑选到合适的平台，用户应该先明确计算机的使用用途，然后再根据自身的实际需要，进行有针对性的选择。如果希望计算机能作为服务器运行，则应该选用 Intel 平台，毕竟稳定才是服务器的第一追求；对于经常进行视频压缩处理的用户也应该考虑 Intel 平台；对于喜欢自己组装计算机的个人用户和游戏玩家来说，可以选用 AMD 平台，并搭配性价比较好的 AMD CPU。

　　（3）最要仔细观察的是做工。

　　主板做工的精细程度会直接影响主板的稳定性，因此在挑选主板时，必须仔细观察主板的做工情况。目前主板市场上，有不少杂牌主板厂商为了降低成本，在选料和做工方面大做文章，有的商家甚至以假乱真，导致主板性能极不稳定。

　　为了避免挑选到劣质主板，购买时一定要仔细观察主板的用料和做工情况。首先需要观察主板的 PCB（印制电路板）的厚度，一般情况下四层 PCB 板即为标准，当然有的高质量主板可以达到六层。在确保厚度的前提下，再仔细观察 PCB 板边缘是否光滑，如果用手触摸，则应该没有划手的感觉。之后应该再检查一下主板上的各焊接点是否饱满有光泽，排列是否十分整洁，然后用手感觉一下扩展槽孔内的弹片是否弹性十足。最后，还要观察 PCB 板的走线布局，如果布局不合理，可能会导致邻线间相互干扰，从而降低系统的稳定性。除此之外，主板上的电容质量也不能忽视，因为它对主板的供电电压和电流的稳定起着很重要的作用。

　　（4）最容易忽视的是扩展性能。

　　主板的扩展性能往往容易被一些用户忽视。主板技术的发展是日新月异的，也许刚刚买到的主板，在很短的时间内就不能满足使用要求了。为此，在选购主板时，千万不要忽视主板日后的扩展升级"本领"，例如支持内存扩充的能力以及可以增加的插卡数等，都是主板扩展性能的体现。当然，在注重主板的扩展"本领"时，应适可而止，不能片面地追求功能多、容量大，否则不但不能充分利用扩展性能，还容易造成资源或资金上的浪费。

　　（5）最值得注意的是细节。

　　许多人一提到挑选主板，往往都会将目光集中到型号、品牌、价格等方面，其实还有许多重要的细节容易被忽视。

　　首先，应该检查 CPU 插座在主板上的位置是否合理。如果 CPU 插座距离主板边缘较近，那么在空间比较狭小的机箱中安装 CPU 散热片就非常麻烦；另外，CPU 插座的位置如果太靠近电容，也不好安装 CPU 散热片，而且电容很容易被损坏。

　　其次，要检查主板上内存插槽的位置。AGP 卡安装后是否插拔困难，或者因内存的位置过于靠右,一旦安装上光驱,内存插槽可能会被挡住。在选购主板时,只要注意到这些细节,就能避免日后使用时的麻烦。

然后,应该注意 ATX 电源接口的位置。如果该接口位于 CPU 和左侧 I/O 接口之间,则可能会出现电源连线过短的现象,而且还会影响 CPU 热量的散发。ATX 电源接口最好位于主板上边缘靠右的一端,也可以位于内存插槽和 CPU 插座之间。

最后,需要注意跳线位置。如果需要提高主板上的硬跳线,就必须注意跳线位置是否会被日后安装的插卡挡住。即使没有硬跳线,也应该考虑 CMOS 放电时跳线是否会被遮挡。只有考虑到这个细节,日后跳线时才不会遇到麻烦。

(6) 最不能忘记的是服务。

考虑到主板的技术含量比较高,而且价格也不便宜,即使质量再好的产品,也容易损坏,因此在挑选主板时,一定要注意考虑商家能否为自己提供完善的售后服务。在检验主板销售商提供的售后服务是否完善时,可以考察以下几个因素:

① 检验销售商提供的质保承诺。在正常情况下,正规品牌的主板应提供三年的质保承诺,15 天之内应该能够更换。

② 检验维修周期的时间长短。一般来说,维修时间应不超过一周。

③ 应该检查销售商能否提供完整的附件,包括是否有中文的产品说明书,是否有精致的外包装,提供的配件产品是否齐全,有无正规的销售发票,能否提供保修卡等。

④ 考察主板的保修网点的数量。有些品牌的主板在国内的维修网点很少,用户每次遇到主板故障需要维修时,都要通过销售商间接送往维修点,这给维修带来了很大的麻烦。

⑤ 考察当地维修点的维修级别。有些主板的维修点是代理商级别的,在维修技术方面不如原生产厂家,此时用户不妨挑选可以获得原厂维修的主板。

二、CPU

CPU 是中央处理单元(Central Process Unit)的缩写,简称微处理器(Microprocessor),人们经常将其直接称为处理器(Processor),如图 1.11 所示。CPU 是计算机的核心,其作用和大脑很相似,主要负责处理、运算计算机内部的所有数据。CPU 的种类决定了计算机使用的操作系统和相应的软件。CPU 主要由运算器、控制器等构成,与存储器、输入/输出接口和系统总线组成完整的计算机。

(a) Intel Socket 1150   (b) AMD Socket AM3+

图 1.11   CPU

1. CPU 的主流产品

目前，CPU 市场竞争非常激烈，Intel 和 AMD 各显其能，新产品层出不穷。表 1.1 列举了常见的 CPU 产品。

表 1.1 常见的 CPU 产品

Intel CPU		AMD CPU		国产 CPU	
高端	低端	高端	低端	飞腾服务器 CPU	飞腾桌面 CPU
酷睿 i7	奔腾	FX-8350	速龙系列	FT-2000＋/64	D2000
酷睿 i5	赛扬	FX-8300	闪龙系列	S2500	FT-2000/4
酷睿 i3		FX-6300		FT-1500A/16	FT-1500A/4

1）AMD CPU 的特点

优点：超频性能良好；价格低廉。

缺点：发热量大，运行不稳定；原装风扇性能差。

建议客户群：喜欢自己动手组装的用户、游戏玩家、网吧。

2）Intel CPU 的特点

优点：运行稳定；市场占有量大。

缺点：价格偏高。

建议客户群：对计算机硬件不太了解的用户。

3）国产 CPU 的特点

优点：自主化程度高，拥有完全自主知识产权，不受国外技术封锁影响。

缺点：相较于成熟的 x86 架构处理器，其生态兼容性和成熟度仍需进一步完善。

建议客户群：对安全性要求高的用户和单位。

2. CPU 接口

CPU 需要通过特定的接口与主板连接才能进行工作。CPU 采用的接口方式有引脚式、卡式、针脚式、触点式等。目前 CPU 的接口都是针脚式接口，对应到主板上就有相应的插槽类型。CPU 接口类型不同，其在插孔数、体积、形状上都有变化，所以不能互相接插。主流 CPU 接口如表 1.2 所示。

表 1.2 主流 CPU 接口

Intel CPU 接口	AMD CPU 接口	国产 CPU 接口
LGA1150	FM2	FCLBGA
LGA1151	FM2＋	FC-CBGA
LGA2011	Socket AM3＋	
LGA2011-V3		

3. CPU 的技术参数

(1) 主频。主频是指 CPU 内核运行时的时钟频率,即 CPU 的时钟频率(CPU Clock Speed)。通常主频越高,CPU 的运算速度越快。

(2) 外频。外频又称外部时钟频率,它和计算机系统总线的工作频率一致,是 CPU 与主板同步运行的基准频率。它作为 CPU 与外部设备(内存、硬盘等)交换数据时的频率,协调了系统内各组件的同步运行。外频越高,CPU 的运算速度越快。

(3) 前端总线(Front Side Bus,FSB)。前端总线是 CPU 和北桥芯片之间的通道,负责 CPU 与北桥芯片之间的数据传输。

(4) 倍频。倍频是指 CPU 的时钟频率和系统总线的工作频率(外频)相关的倍数。倍频越高,时钟频率就越高,倍频＝主频÷外频。

(5) 超频。超频是通过提高外频或倍频实现的,指 CPU 在超越标准主频下工作的频率。

4. 高速缓存(Cache)

高速缓存具有以下特点:

(1) 它是一种存储器;

(2) 一般集成在 CPU 内部;

(3) 用于存放数据与指令;

(4) 运行速度介于 CPU 和内存之间,分为一级、二级、三级缓存。

CPU、缓存、内存、硬盘的运行速度比较:CPU＞缓存＞内存＞硬盘。

一级缓存(L1 Cache)内置在 CPU 内部并与 CPU 同速运行,可以有效地提高 CPU 的运行效率。一级缓存越大,CPU 的运行效率越高,但受到 CPU 内部结构的限制,一级缓存的容量都很小。

二级缓存(L2 Cache)对 CPU 运行效率的影响也很大,现在的二级缓存一般都集成在 CPU 中,分为芯片内部和外部两种。集成在芯片内部的二级缓存的运行频率与 CPU 的相同,一般称为全速二级缓存;而集成在芯片外部的二级缓存的运行频率是 CPU 运行频率的一半,即半速二级缓存,因此运行效率较低。

目前所有主流处理器大都具有一级缓存和二级缓存。其中,一级缓存可分为一级指令缓存和一级数据缓存。一级指令缓存用于暂时存储并向 CPU 传递各类运算指令;一级数据缓存用于暂时存储并向 CPU 传递运算所需的数据。

二级缓存就是一级缓存的缓冲器。一级缓存制造成本很高,因此其容量有限,二级缓存的作用就是存储那些 CPU 处理时需要用到、一级缓存又无法存储的数据。同理,三级缓存和内存可以看作二级缓存的缓冲器,它们的容量递增,但单位制造成本却递减。需要注意的是,无论是二级缓存、三级缓存还是内存都不能存储处理器操作的原始指令。这些指令只能存储在 CPU 的一级指令缓存中,而余下的二级缓存、三级缓存和内存仅用于存储 CPU 所需的数据。

以实际生活为例,CPU 好比是工厂,一级缓存是城市工厂里的仓库,二级缓存是城市中的其他仓库，内存则是郊区的仓库，它们之间的距离越来越远，如图 1.12 所示。

图 1.12　CPU、缓存、内存关系图

5．多核技术

2005 年以前，单纯地提升主频已无法为提升系统整体性能带来明显的效果，并且高主频也使处理器的发热量增加。在这种情况下，出现了多核心处理器系统。其中，双核心处理器就是在一个处理器上设置两个功能相同的处理器核心，即将两个物理处理器核心整合到一个内核中。

目前，市场上主流家用计算机中的 CPU 已经实现了四核心、六核心、八核心及十六核心技术。

6．64 位技术

64 位是相对于 32 位而言的，64 位就是指处理器一次可以运行 64 位数据。64 位处理器主要有两大优点：

（1）可以进行更大范围的整数运算。

（2）可以支持更大的内存。

另外，要实现真正意义上的 64 位计算，仅有 64 位的处理器还不行，还必须有 64 位的操作系统以及 64 位的应用软件。目前适合个人使用的 64 位操作系统有 Windows 7/8/8.1/10/11 等。

7．CPU 选购

（1）明确购机目的。用户的计算机是用来上网还是进行三维图形处理，是用来玩较高要求的游戏还是仅仅用来进行办公。这些方面都需要考虑。

（2）考虑经济条件。在有限的经济条件下，选购适合自己的 CPU 产品。

（3）对自己的计算机水平要有清醒的认识。如果用户购买了一个高价的 CPU，这个 CPU 在随后的两个月内可能会大幅降价，如果该用户精通计算机，在这两个月内主要进行三维图形制作、玩 3D 游戏或大规模的科学计算等，CPU 可以在一定程度上发挥最大的效用；而如果该用户不熟悉计算机，在这两个月内多半是了解、学习如何使用计算机，那么 CPU 就没有发挥它的最高效能。

三、内存

在计算机系统架构中，如果说中央处理器(CPU)是运筹帷幄的"大脑"，硬盘是储藏万卷资料的"大仓库"，那么内存(RAM)便是连接这两者的"枢纽站"。内存的根本任务是为CPU的高速运算提供一个临时的、可被瞬间读写的数据"缓冲区"。当启动一个程序或打开一个文件时，相关数据就会从运行速度较慢的硬盘仓库中被调取出来，存放在这个运行速度快的内存枢纽站上，以供CPU随时取用。内存的容量(GB)决定了能同时运行多少程序、处理多大的项目而不显拥挤；它的频率和时序则共同定义了数据在内存中传递的效率，直接影响着整个系统的流畅度和响应速度。然而，内存最显著的特性是易失性，一旦断电，内存上的所有内容便会消失，这便是为何需要将重要数据保存到硬盘的根本原因。因此，内存可以理解为计算机的"短期记忆"与"即时反应能力"，它是衡量一台计算机性能、决定其运行效率的关键因素之一。从 DDR4(Double Date Rate，双倍数据速率)内存到 DDR5 内存的技术代际更迭，正是人们对这个"枢纽站"更快、更大、更节能的极致追求的体现。

1. 主流内存

目前计算机的内部存储器中，DDR4 和 DDR5 是最为流行的两种。DDR4 即指第四代双倍数据速率同步动态随机存取存储器(SDRM)，而 DDR5 是最新一代内存，正逐渐取代DDR4 成为市场主流。DDR4 如图 1.13 所示。

图 1.13   DDR4

内存芯片实际上是由上百万个独立的单元(Cell)组成的，每个单元都存储数据的一个比特(也就是一个"0"或"1")。一兆字节(1 MB)内存包含 8 192 000 个内存单元。每个内存芯片的总容量通常以兆比特(Mb)为单位进行描述，因为一字节等于 8 比特，因此一个64 Mb 的芯片可提供 8 MB 内存空间，而 256 MB 的模组需要 32 个 64 Mb 的芯片。

内存的每个单元都由电容器和访问晶体管组成，电容器有两种状态，即充电和未充电，分别对应二进制的"0"和"1"。要将数据写入内存单元，只需对电容器进行充电(应用高电压)或放电(应用低电压)操作。将访问晶体管关闭后，数据就会被存储到内存单元中，相当于将高电压或低电压"困"在电容器内部。如果要读取数据，只需应用一个介于高、低电压之间的电压，随后打开晶体管，即可读取数据。每几毫秒，电容器都需要应用电压进行刷新，因此这种技术也称为"动态 RAM"。

内存储器的接口类型可根据内存条"金手指"上导电触片的数量来判别。导电触片数也称为针脚数（Pin）。针对台式机开发出的 DDR3 SDRAM 拥有 240 Pin，它和早期的 DDR SDRAM、DDR2 SDRAM 的接口设计均不相同，因此它们之间无法兼容，如图 1.14 所示。

图 1.14　不同类型 DDR 缺口的对比

2. 内存的单位和容量

1）单位

内存的常见单位有 B、KB、MB、GB、TB 等，其换算关系如下：

$$1\ TB=1024\ GB，1\ GB=1024\ MB，1\ MB=1024\ KB$$
$$1\ KB=1024\ B，1\ B=8\ bit$$

其中：bit 是位的意思；B 是 Byte 的英文简写，即字节；KB 是英文 Kilo Byte 的简写，即千字节；MB 是英文 Mebi Byte 的简写，即兆字节；GB 是英文 Giga Byte 的简写，即吉字节；TB 是英文 Tera Byte 的简写，即太字节。

2）容量

内存容量是指该内存条的存储容量，是内存条的关键性参数。内存容量以 MB 作为单位，可以简写为 M，读作"兆"。内存容量一般都是 2 的幂次倍，比如 64、128、256 MB 等。

一般而言，内存容量越大越有利于系统的运行。目前台式机中采用的主流内存容量为 16、8 GB，4 GB 及以下的内存已较少采用。

3. 双通道内存技术

1）双通道概念

双通道就是在北桥芯片里设计两个内存控制器，这两个内存控制器可相互独立工作，每个控制器控制一个内存通道。在这两个内存通道中，CPU 可分别寻址、读取数据，从而使内存的带宽增加一倍，数据存取速度理论上也相应增加一倍。随着内存价格的不断降低，越来越多的用户在装机时首选两条内存来组建双通道模式，但是对于一些新手来说，如何组建双通道是一个大问题。

2）组建双通道平台

组建双通道平台可以按照以下步骤进行：

（1）观察 CPU 是否支持双通道。AMD 的 64 位 CPU 集成了内存控制器，因此判断其是否支持内存双通道只要观察 CPU 就可以了。如果实际使用时感觉带宽增加得不明显，建议直接使用单条高容量内存。相对来说，Intel 的 CPU 双通道性能比 AMD 的要好一些。

（2）观察主板是否支持双通道。计算机是否可以支持内存双通道主要取决于主板芯片组，支持双通道的芯片组在说明书中会有描述。我们也可以查看主板芯片组的资料。内存双通道一般要求按主板上内存插槽的颜色成对使用，有些主板还要对 BIOS 进行设置，一般在主板说明书中会有说明。

（3）有些芯片组在理论上支持不同容量的内存条以实现双通道，不过实际使用时还是建议尽量采用参数一致的两条内存条。

（4）当系统已经实现双通道后，有些主板在开机自检时会有提示，可以仔细观察。由于自检速度比较快，可能看不到这些信息，因此可以使用一些软件查看自检信息，例如比较小巧的 CPU-Z 软件。打开 CPU-Z，在"Memory"中有"Channels"项目，如果这里显示"Dual"，就表示已经实现了双通道。两条 2 GB 的内存构成的双通道会比一条 4 GB 的内存构成的单通道的使用效果好。

4. 内存选购

目前性价比高且大众化的内存品牌是威刚和金士顿。

1）威刚

威刚是中国台湾的第一大独立内存厂商，而且其产品在市场上的占有率也较高，其产品的品质和售后服务都得到了用户的首肯。威刚旗下的万紫千红系列更是以超低的价格赢得了学生们的喜爱。

威刚的内存产品销量较好，并且假货很少。主要原因是万紫千红系列内存的零售价格较低；其次是威刚的渠道体系良好，使得假货很难流通。

2）金士顿

作为世界第一大内存生产厂商的金士顿(Kingston)，其内存产品自进入中国市场以来，就凭借优秀的产品质量和一流的售后服务，赢得了众多中国消费者的喜爱。

金士顿的内存产品所使用的内存颗粒既有金士顿自己的，又有如现代（Hynix）、三星（Samsung）、南亚（Nanya）、华邦（Winbond）、英飞凌（Infinoen）、美光（Micron）等众多厂商的。

四、硬盘

由于内部存储器无法满足大量数据长久保存和方便携带的需要，因此各种类型的外部存储器应运而生，如硬盘、光盘和一些新型的移动存储设备等。

硬盘仍然是目前重要的外部存储设备，如图 1.15 所示。消费市场上的硬盘按照不同接口类型可分为已淘汰的 IDE 接口硬盘、主流的 SATA 接口硬盘，以及服务器用途的 SAS 接口硬盘。硬盘的性能主要由转速、缓存容量、接口类型、平均寻道时间、单碟容量和存储容量所决定，这些参数一般在硬盘表面的铭牌上都会有所标注。另外，硬盘的跳线设置、容量大小、生产厂商、型号、产地等都会在铭牌上有所体现。硬盘的主流品牌是西部数据和希捷。

图 1.15　SATA 接口硬盘

以西部数据公司的 SATA 接口硬盘为例，其型号特点体现为硬盘上所贴纸张的颜色，包括黑色、蓝色、绿色、红色、紫色等。黑色代表性能高、缓存大、速度快；蓝色代表性价比整体比较平衡；绿色代表环保型产品，具有静音效果，性能一般；红色代表寿命长、故障少，适于网络存储；紫色代表监控用途。

需要注意的是，硬盘厂商标识的容量一般遵循 1000 进位原则，这和计算机存储采用的 1024 进位有所不同。一般来说，当对硬盘进行格式化操作后，其可用容量要约小于硬盘标识的容量。

五、电源

电源是计算机主机的动力源泉。根据机箱工业标准的不同，电源可分为 ATX、BTX 两种类型。目前，ATX 电源应用较为广泛，如图 1.16 所示。电源的作用是为各部件提供能源，电源性能是否稳定对计算机能否正常工作有相当大的影响。

(a) 电源实物图

交流输入	电压			电流			频率		
交流输入	90V-264V AC			10 A			50-60Hz		
直流输出	+3.3V	+5V	+12V	-5V	-12V	+5Vsb	PS-ON	POK	COM
电流	20A	30A	18A	—	0.8A	2.0A	REMOTE	P.G	RETURN
功率	280W			10W		10W	额定功率:300W		

注意:非专业维修人员请勿自行开启此盖

七彩虹科技发展有限公司荣誉出品

网址:http://www.seethru.com.cn
服务热线:800-830-5866 0755-82031118

(b) 电源标签

图 1.16　ATX 电源

　　ATX 电源提供多组接口,包括 20＋4 Pin 主板供电接口、4 Pin CPU 辅助供电接口、SATA 设备供电接口等,如图 1.17 所示。

图 1.17　ATX 电源接口示意图

六、显示器

　　显示器是计算机的主要输出设备。目前常用的显示器主要有三种类型:CRT 显示器、液晶显示器(又称 LCD 显示器)、LED 显示器,如图 1.18 所示。相对于 CRT 显示器,LED 和 LCD 显示器具有重量轻、体积小、辐射低、外形时尚、对人体健康危害小的特点。随着显示器品质的不断提高和价格的不断降低,LCD 显示器逐渐成为显示器的主导。显示器的品牌主要有三星、AOC、飞利浦、LG 等。

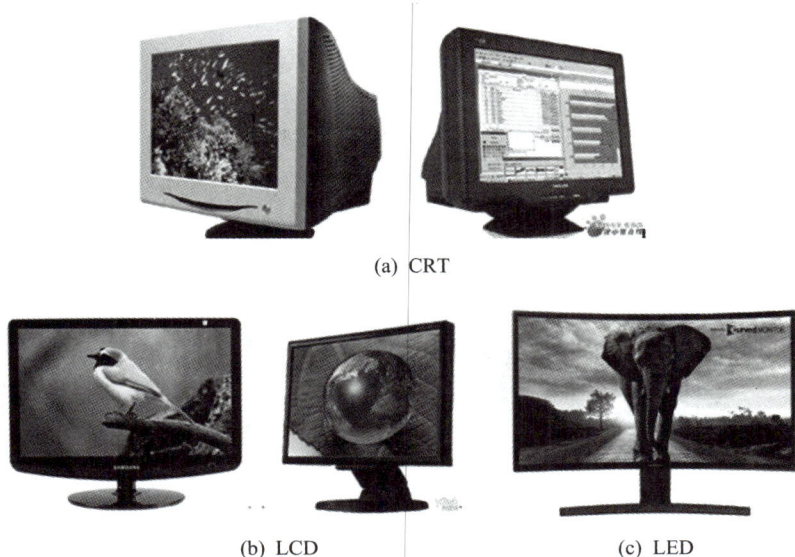

(a) CRT

(b) LCD

(c) LED

图 1.18　显示器

七、其他配件

1. 显卡

显卡又称显示适配器，如图 1.19 所示，主要分为扩展卡式的独立显卡和主板集成式显卡两种。显卡中图形处理芯片的品质和显存的大小会直接影响显卡的最终性能表现，显示芯片处理完数据后会将数据输送到显存中，然后 RAM DAC 会从显存中读取数据并将数字信号转换为模拟信号，最后输出到显示屏。新型显卡的输出端包括 RCA 复合视频信号输出、DVI 数字信号输出、VGA 模拟信号输出三个接口。RCA 接口的外框为圆形，呈单针状，一般用来连接电视；DVI 接口的外框为长方形，呈两排插孔式排列，一般用来连接数字信号输出的液晶类显示器；VGA 接口的外框为梯形，呈三排插孔式排列，一般用来连接 CRT 类模拟信号输出的显示器。

图 1.19　显卡(英伟达 RTX3080)

用户是否需要购买显卡，要看自己的实际使用需求。如果用于普通办公、打小游戏或偶尔上网看电影，主板集成显卡完全可以满足使用需求，不建议另行购买显卡；如果使用需求涉及大型图片处理、视频编辑、玩大型游戏，则建议购买独立显卡。

2. 网卡及光纤卡

网卡也称网络适配器,英文全称为 Network Interface Card,简称 NIC。网卡是网络使用中最基本的部件之一,它是连接计算机与网络的硬件设备。无论是双绞线连接、同轴电缆连接还是光纤连接,都必须借助网卡才能实现数据的通信。日常使用的网卡都是以太网网卡。按传输速度的不同,网卡可分为 10 Mb 网卡、10/100 Mb 自适应网卡以及 1000 Mb 网卡。光纤用户可以采用光纤网卡。双绞线网卡和光纤网卡如图 1.20 所示。

(a) 双绞线网卡　　　　　　　　　　　　　(b) 光纤网卡

图 1.20　网卡

目前主板都已经集成了网卡,一般不需要单独购买。如果想用双网卡及光纤网卡,则可以单独购买。

3. 光驱

光盘驱动器俗称光驱,是以记录光学反射信息来保存数字数据的外部存储器。光盘在光驱中高速转动,激光头在伺服电机的控制下前后移动扫描光盘上的反射区,以此来读取数据。按光盘存储的容量,由小到大可将光驱分为 CD-ROM 驱动器、DVD-ROM 驱动器以及蓝光驱动器,也包括其各自衍生的光盘刻录机。光盘驱动器普遍采用 SATA 接口。

随着 U 盘容量的增大、价格的降低,现在光驱使用得很少,一般不需要购买。如果偶尔有需要,建议购买 USB 移动光驱;如果有刻盘需要,建议购买蓝光刻录机,如图 1.21 所示。

图 1.21　蓝光刻录机

4. 机箱

机箱一般由外壳、支架、散热风扇和面板上的各种开关、指示灯、外置接口组成。机箱结构按照摆放样式可分为立式和卧式两种。组装机市场上流行 ATX 结构,而 BTX 结构主要出现在品牌机市场上。ATX 机箱如图 1.22 所示。

图 1.22　立式 ATX 机箱及背部接口

5. 输入/输出设备

输入设备主要用于向计算机输入命令、数据、文本、声音、图像和视频等信息，是计算机系统必不可少的重要组成部分。常用的输入设备有鼠标、键盘、手写笔、麦克风、摄像头、扫描仪等。

输出设备是将计算机处理的信息和响应输送出来，通过声、光、电信号传达给使用者，达到人机互动的目的。常用的输出设备有显示器、打印机、音箱等。

在挑选键盘、鼠标时，应注意键盘、鼠标质量判断的原则，即质量重、引线粗、中指尖划过键盘的声音小。

思　考　题

（1）计算机系统组成部分有哪些？

（2）计算机关键性硬件包括哪些？

（3）计算机选购需要注意些什么？

项目二　组装计算机硬件

任务 1　拆卸前的准备

一、工具准备

（1）小号十字螺丝刀。

（2）小号平头螺丝刀。

（3）镊子。

（4）尖嘴钳。

（5）空杯盖。

（6）多用插座板。

（7）导热膏。

（8）带镜像的启动 U 盘。

二、预备知识

1. 装配操作规程

（1）器件测试。

（2）断电操作。

（3）防静电处理。

（4）在计算机装配过程中，对所有板卡及配件均要轻拿轻放，不要用力过度。

（5）使用钳子和螺丝刀等工具时要注意安全。

（6）固定板卡和设备的螺丝有细纹螺丝和粗纹螺丝两种规格。

2. 整机组装程序

计算机组装的核心是主机部分的组装，无论采用立式机箱还是卧式机箱，其组装方法基本相同。

三、装机前的注意事项

（1）安装前请确认所使用的机箱尺寸与主板相符。

（2）安装前请勿任意撕毁主板上的序列号及代理商保修贴纸等，否则会影响产品保修期限的认定标准。

（3）在安装或移除主板以及其他硬件设备之前，请务必先关闭电源，并且将电源线从插座中拔除。

（4）安装其他硬件设备至主板内的插座时，请确认接头和插座已紧密结合。

（5）拿取主板时请尽量不要触碰金属接线部分，以避免线路发生短路。

（6）拿取主板、中央处理器（CPU）或内存条时，最好戴上防静电手环。若无防静电手环，请确保双手干燥，并先碰触金属物以消除静电。

（7）在未安装之前，请先将主板放置在防静电垫或防静电袋内。

（8）在拔除主板电源插座上的插头时，需确认电源供应器处于关闭状态。

（9）开启电源前需确定电源供应器的电压值在所在区域的电压标准值范围内。

（10）在开启电源前需确定所有硬件设备的排线及电源线都已正确连接。

（11）请勿使螺丝接触到主板上的线路或零件，避免造成主板损坏或故障。

（12）请确定在主板上或机箱内没有遗留螺丝或金属制品。

（13）请勿将主机放置在不平稳处。

（14）请勿将主机放置在温度过高的环境中。

（15）在安装过程中若开启电源，可能会损坏主板、其他设备或使安装者受伤。

（16）用螺丝刀紧固螺丝时，应做到适可而止。

四、组装计算机硬件的一般步骤

计算机的安装步骤和拆卸步骤相反。安装步骤如下：

（1）在主机箱上安装好电源。

（2）根据所选 CPU 的类型、速度等对主机进行跳线设置。

（3）在主板上安装 CPU。

（4）安装内存条。

（5）把主板固定到主机箱内。

（6）将电源线连接到主板上的电源接口。

（7）安装硬盘驱动器、光盘驱动器。

（8）连接硬盘驱动器信号和电源电缆。

（9）安装显示卡。

（10）将主板与机箱前面的指示灯及开关的连线相接。

（11）连接键盘、鼠标和显示器。

（12）从头再检查一遍，并准备开机通电进行测试。

任务 2　台式机的拆卸和组装

一、台式机拆卸

1. 断开电源并移除电源线

首先断开电源,然后拔下主机、显示器以及其他外部设备的电源线。注意:应先拔下主机的电源线,再拔下其他设备的电源线。操作方法如图 2.1 所示。

2. 拔下外部设备的连线

拔下键盘、鼠标、网线、USB 电缆、显示器数据线、打印机数据线等各种外设的连线。注意:显示器和打印机的数据线是用螺丝固定在机箱接口上的,应先松开螺丝再向外平拉,如图 2.2 所示。

图 2.1　拔出计算机电源线

图 2.2　拔出所有外设连线

3. 打开机箱盖板

拆卸台式机时,一般不需要拆卸机箱两侧盖板(若要拆卸硬盘,则需拆卸两侧盖板),只需拆下左侧的盖板即可,如图 2.3 所示。

4. 观察机箱内部部件及其连接方式

拆开机箱盖板后,找到主板、CPU、内存条、电源、显卡、声卡、网卡、硬盘、光驱的安装位置,并仔细观察它们的连接方式,如图 2.4 所示。

图 2.3　拧下计算机侧板螺丝

图 2.4　观察计算机组成

5. 拆卸显卡

用螺丝刀松开显卡的固定螺丝，并用双手捏紧显卡的上边缘，垂直向上拔下显卡（注意，勿用手捏显卡的电路板），如图 2.5 所示。

6. 拔下驱动器电源线

硬盘、光驱电源线的一端插在驱动器上，另一端则与电源连接。捏紧电源线插头两端，水平方向拔出，不要使劲晃动插头，如图 2.6 所示。

图 2.5　拧下显卡固定螺丝

图 2.6　拔出驱动器电源线

7. 拔下驱动器数据线

硬盘、光驱数据线的一端插在驱动器上，另一端则插在主板的接口插座上，捏紧数据线插头两端，水平方向即可拔出这些数据线，如图 2.7 所示。有些设备自带固定卡扣，拔除时要注意掀开卡扣。

图 2.7　拔出光驱的连线

8. 拔下主板、CPU 及风扇的电源插头

主板、CPU、风扇的电源插头都带有固定卡扣，在拔除时要掀开卡扣，同时注意观察安装方向，如图 2.8～图 2.10 所示。

图 2.8　主板电源插头　　　　图 2.9　CPU 电源插头　　　　图 2.10　机箱风扇电源插头

9. 拔下前面板连接线

前面板连接线包括电源开关、复位开关、硬盘指示灯、电源指示灯、前置 USB 连线、前置音频连线等。在拔下这些连线前应注意每个插接头在主板上的安装位置、方向及接线颜色，并对它们的安装顺序做好记录，如图 2.11 所示。

10. 取出主板

松开固定主板的螺丝，将主板从机箱取出，如图 2.12 所示。注意，勿用手触摸电路板。

图 2.11　拆除前面板与主板的连接线　　　　图 2.12　取出主板

11. 拆卸 CPU 散热风扇

(1) 从 CPU 风扇插座上拔出 CPU 风扇的电源线，如图 2.13 所示。

(2) 按照对角线顺序将散热器螺钉依次从主板上拆除，如图 2.14 所示。

图 2.13　拔出 CPU 风扇电源插头　　　　图 2.14　拧下 CPU 风扇螺钉

（3）轻轻取下散热器，如图 2.15 所示。

（4）解开 CPU 固定销子，如图 2.16 所示。

图 2.15　取下 CPU 散热器

图 2.16　解开 CPU 固定销子

（5）打开 CPU 固定盖，如图 2.17 所示。

（6）取出 CPU，如图 2.18 所示。

图 2.17　打开 CPU 固定盖

图 2.18　取出 CPU

12. 拆卸内存条

向两边掰开内存插槽两端的卡子，内存条会自动弹出，如图 2.19 所示。

13. 拆卸驱动器

先拧下支架两侧的固定螺丝，向前抽出驱动器即可。注意：拧下最后一颗螺丝时要用手握住硬盘、光驱，防止其掉落，如图 2.20 所示。

图 2.19　取下内存条

图 2.20　取下驱动器

14. 拆卸电源

（1）观察电源与主机箱的紧固方式。

（2）拆卸紧固电源的螺丝钉，取出电源，如图 2.21 所示。

图 2.21   拆卸计算机电源

15. 摆放部件

将拆卸下来的部件摆放整齐，如图 2.22 所示。

图 2.22   所有取下的计算机部件

二、台式机组装

下面以华硕 Z97-A 主板为例介绍台式机的组装方法。

1. 主板安装

将主板安装到计算机的主机箱内时，务必确认其安装方向是正确的。主板外接插头的方向应朝向主机箱的后面板，而且主机箱后面板也有相对应的预留孔位。将图 2.23 中圈选出来的 9 个螺丝孔位对准主机机箱内相应的螺丝孔，接着再将螺丝一一拧紧，固定主板。注意：螺丝不能锁得太紧，否则容易导致主板的印制电路板龟裂。

此面朝向计算机主机
机箱的后面板

图 2.23　主板固定

2. 中央处理器(CPU)安装

本型号主板有一个 LGA1150 处理器插槽，该插槽可支持第四代/第五代 Intel 酷睿 i7/i5/i3 以及奔腾处理器。购买新主板时，要确保在 LGA1150 插座上附有一个即插即用的保护盖，并且插座接点没有弯曲变形。若有保护盖但已经丢失或者没有保护盖，或是即插即用接点已经弯曲，应立即与经销商联系。安装主板后，应保留即插即用保护盖，它是华硕维修与保修的凭证。

安装 CPU 时，要注意使 CPU 上的凹槽和插槽上的凸出点相对应，并正确操作，如图 2.24 所示。

图 2.24　CPU 安装

如果用户购买的是散装的 CPU 散热器和风扇,在安装散热器和风扇之前,要确认散热器或 CPU 上已经正确地涂上了散热膏,如图 2.25 所示。

散热膏涂抹均匀后,按照如图 2.26 所示的步骤安装 CPU 的散热器和风扇,并接好散热器电源。

图 2.25　CPU 上涂散热膏　　　　　　　　　图 2.26　CPU 散热器安装

3. 内存安装

该型号主板提供了四组 DDR3 内存插槽,支持双通道技术。四条内存的设置如图 2.27 所示。当只有一个内存条时,可将其插入 DIMM_A2 槽中;若有两个内存条时,则应分别插入 DIMM_A2 槽和 DIMM_B2 槽中,插入方法如图 2.27 箭头所示。DDR3 内存条和 DDR 或 DDR2 内存条不同,请勿混淆。

DIMM_A2

DIMM_A2
DIMM_B2

DIMM_A1
DIMM_A2
DIMM_B1
DIMM_B2

图 2.27　内存条的设置

安装时,轻轻打开卡扣,两手置于内存条两端,对准缺口,垂直方向用力,感受到两端"咔"一响,内存条即安装成功,如图 2.28 所示。大多数内存插槽两端都有卡扣。

图 2.28　内存条的安装

4. 机箱面板线连接

(1) 系统控制面板连接排针(20-8 Pin PANEL)。

系统控制面板连接排针包括数个连接到计算机主机前面板的功能接针,如图 2.29 所示。

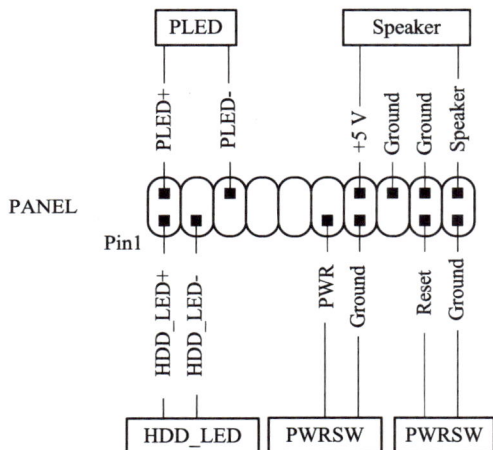

图 2.29　系统控制面板连接

PLED:系统电源指示灯连接排针。在启动并使用计算机的情况下,该指示灯会持续发亮;而当指示灯闪烁发光时,表示计算机正处于睡眠模式中。

HDD_LED:硬盘动作指示灯接针。当硬盘进行存取动作时,指示灯立即亮起。

Speaker:机箱喇叭连接排针。

PWRSW:ATX 电源/电源开关连接排针。

Reset:重启。

(2) USB 连接插槽。

主板上的 USB1314、USB1112、USB910 连接插槽支持 USB 2.0 规格,传输速率最高可达 480 Mb/s。可以将 USB 模块排线连接至任何一个插槽,安装时需要注意辨别一位缺针方向,如图 2.30 所示。

主板上的 USB3_12 是 USB 3.0 接口,传输速率最高可达 5 Gb/s,对可充电的 USB 设备具有更快的充电速度和最佳的能源效率,还具有向下兼容 USB 2.0 的特性,如图 2.31 所示。

图 2.30　USB 2.0 接口

图 2.31　USB 3.0 接口

（3）前面板音频连接排针。

前面板音频连接排针应连接到机箱前面板的音频线，如图 2.32 所示。注意利用中间缺针处确认插孔方向。

(a) 高清音频兼容的管脚定义　　　　(b) 旧版音频标准兼容性定义

图 2.32　前面板音频线连接

三、组装后整机检测

组装后的计算机整机检测软件有 CPU-Z、鲁大师、GPUZ 等。CPU-Z 比较常用，下载、安装该软件后，启动程序检测，如图 2.33 所示。该软件还可以查看处理器、缓存、主板、内存、显卡等详细信息。

图 2.33　CPU-Z 检测

任务 3　笔记本电脑的拆卸和组装

一般情况下，用户很少会遇到笔记本电脑的拆卸及组装情况。用户在购买一台新的笔记本电脑并使用两三年后，如果感觉运行速度慢、开机时间长，可以进行加内存条、加固体硬盘等操作以及清理灰尘的保养工作。下面以华硕 N550 笔记本电脑为例，如图 2.34 所示，详细讲解笔记本电脑加内存条、固体硬盘的操作及其日常保养。

图 2.34　华硕 N550 笔记本

一、准备工作

现有华硕 N550 笔记本电脑一台，CPU 是 i7-4700，主频为 2.4 GHz，内存为 DDR3 1600 低电压版 4 GB，1 TB 硬盘。使用一年多后，由于系统升级成 Windows 10，启动时间变长，系统反应变慢，现对其进行清理灰尘处理并加内存条和固体硬盘。

准备 SSD 固体硬盘、9.5 mm 光驱硬盘托架、移动光驱盒、启动 U 盘(安装系统用)、T5 螺丝刀、平口小螺丝刀等,如图 2.35 所示。

图 2.35　准备工作

二、规范拆卸笔记本电脑

(1) 在"我的电脑"中,双击光驱后,选择弹出光驱,关机。

(2) 笔记本电脑底部外壳可见的螺丝都需要拧下来,使用 T5 六角螺丝刀,并把卸下的螺丝分类摆放整齐。

(3) 底部螺丝卸完后,由于华硕这款笔记本电脑做工很好,塑料卡扣卡得很紧,建议用平口小螺丝刀在如图 2.36 所示的"X"处轻轻插入,沿着周边慢慢起开卡扣。如果笔记本电脑使用时间较长,卡扣老化,起开底部外壳的时候容易造成卡扣断裂。打开底部外壳如图 2.37 所示。

图 2.36　华硕 N550 底部外壳螺丝分布

图 2.37　打开底部外壳图示

三、灰尘清理

(1) 笔记本电脑如果在干净清爽的环境下使用可以保持两年正常工作,在灰尘多的使用环境下半年就需要清理一次灰尘。如若笔记本电脑风扇声音很大,就需要清理一次灰尘,否则容易造成风扇中轴损毁，使风扇无法工作，导致开机几分钟蓝屏或无法开机。

（2）清理灰尘时，忌讳用嘴去吹，因笔记本电脑集成度高，通电后所沾的口水容易造成短路，因此需要专用工具进行清理，如图 2.38 所示。

（3）灰尘最容易附着的地方是风扇、处理器及芯片附近。风扇用刷子清理，主板用小吸尘器吸或小清理球擦拭干净，导热管可以用专用清洁剂清洗后吹干，内存条用纤维清洁布清理，如图 2.39 所示。屏幕、键盘的清理如图 2.40 所示。

图 2.38　笔记本清洗、清理工具

图 2.39　风扇、主板灰尘清理

图 2.40　屏幕、键盘清理

四、加 SSD 固体硬盘

华硕这款笔记本电脑原装的只有一个 2.5 寸 1 TB 的机械硬盘，启动、操作、打开应用都比固体硬盘慢，理论上固体硬盘的速度是机械硬盘的 10 倍。因为固体硬盘以半导体作记忆介质，而机械硬盘以磁道作记忆介质，所以在工作原理上有根本的区别。在读写速度上固体硬盘比机械硬盘快很多，在安全级别上比机械硬盘抗震动、抗摔、安全性能更高。

1. 卸载原光驱

更换笔记本电脑硬盘时，可以把机械硬盘直接换成 SSD 固体硬盘，光驱不动。但由于大容量固体硬盘价格昂贵，平时光驱很少使用，所以一般都会选择多加一块小容量 SSD 固体硬盘，原光驱的位置安装原机械硬盘，SSD 固体硬盘安装在原机械硬盘的位置上。打开底部外壳，如图 2.37 所示，光驱的地方有一颗固定螺丝，拧下来后，再把遮挡光驱的金属长条卸下，拉出光驱，如图 2.41 所示。

图 2.41　卸载光驱

2. 卸下光驱挡板

取下光驱后，用针或牙签等细小坚硬物顶一下光驱挡板处的小孔，光驱会自动弹出，再用小螺丝刀按压一下如图 2.42 所示圆圈里的塑料扣头，取下光驱塑料挡板。注意：由于做工的原因，华硕这款光驱的塑料挡板扣得很紧，取出时适当用力，以免造成挡板塑料扣头断裂。

图 2.42　卸下光驱挡板

3. 卸载原硬盘

硬盘位于主机左下角，卸载时注意的细节比较多，要有耐心。卸载硬盘架时应先卸下如图 2.43 所示的圆圈处的三颗螺丝，右下角的螺丝在拆光驱的时候已经卸下了。华硕笔记本电脑做工比较精致，硬盘架侧面还有四颗螺丝，如图 2.44 所示，卸下这四颗螺丝后取出硬盘架。

图 2.43　硬盘架正面螺丝　　　　图 2.44　硬盘架侧面螺丝

取出硬盘架后就可以把硬盘拿下来了，但由于硬盘接口是活动的，所以千万不能用力硬拉，以免弄断排线，此时需要用一个小平口螺丝刀轻轻撬一下，慢慢分离排线，如图2.45 所示。

图 2.45　原硬盘卸载前后图

4. 加装 SSD 硬盘

将 SSD 固体硬盘安装到原硬盘架中，连接数据排线，拧紧侧面四颗和正面三颗螺丝。然后把原机械硬盘放到准备好的光驱硬盘托架中，用螺丝固定好，如图 2.46 所示。在光驱托盘上装好原光驱挡板后，将其放入原光驱位置，用螺丝固定好，如图 2.47 所示。因为使用了原光驱挡板，所以加装后的外观和原来的一模一样，至此，SSD 固体硬盘加装完成。

图 2.46　将原机械硬盘放入光驱托盘　　　　图 2.47　SSD 固体硬盘加装完成图

五、加内存条

笔记本电脑加内存条的操作比较简单。各种品牌笔记本电脑的后面板类型不同，华硕的需要打开整个背部面板，才能安装内存条。

加装内存条时，可以选用相同品牌、相同容量、相同频率的内存条。可以在网上购买，也可以去实体店购买。安装内存条时，先安装下面的内存条，再安装上面的内存条；对准缺口，倾斜 45°插入，一边插入一边固定，感觉到一边有响声时，另外一边施力，再次听到响声，表示内存条安装成功。内存条安装过程如图 2.48～图 2.50 所示。

图 2.48 内存条准备   图 2.49 安装第一条   图 2.50 安装第二条

六、维护保养

1. 液晶显示屏

(1) 长时间不使用笔记本电脑时,可通过键盘上的功能键暂时将 LCD 屏幕的电源关闭。由于液晶显示器与传统的 CRT 显示器的原理不同,所以笔记本电脑并不需要利用屏幕保护程序来防止屏幕老化,相反,这样会消耗更多的电力。开合屏幕后盖时请适度用力,合上笔记本电脑时不要在键盘和屏幕之间放置任何异物,以避免损坏液晶屏幕。请勿用指甲或尖锐的物品(如铅笔)触碰屏幕表面,以免刮伤屏幕。液晶屏幕表面会因静电而吸附灰尘,请勿用手指擦除,以免留下指纹。

(2) 清理屏幕时可参考以下步骤:

① 关闭电源,将笔记本电脑放置于光线良好的地方。

② 用屏幕专用擦拭布(也可使用眼镜布或其他无绒柔软布)沾少许清水拧干后擦拭,擦拭时不能过度用力挤压屏幕,并应按一定方向顺序擦拭。

③ 用柔软湿布清洁屏幕后,可用一块干的无绒软布再清洁一次。最后在通风处自然风干屏幕上残留的水汽即可。

注意:请勿使用化学清洁剂(包括酒精)擦拭屏幕;请勿用硬布、硬纸张擦拭屏幕;请勿将液体直接喷射到屏幕表面,以免液体从屏幕边框渗入,造成进液损坏。

2. 电池

(1) 当没有外接电源时,倘若当时的工作状况暂时用不到外接插卡,建议先将插卡移去以延长电池使用时间。

(2) 20～30℃为电池最适宜的工作温度,10～30℃干燥环境为电池最佳的保存环境。温度过低,电池活性将会降低;温度过高,电池放电的速度将会加快,其使用寿命将会减少。应避免将电池放在浴室等潮湿环境或冰箱内的低温环境中,这样容易导致电池损坏。

(3) 在可提供稳定电源的环境下使用笔记本电脑时,将电池移去可延长电池寿命的想法是不正确的。当电池电力充满后,电池中的充电电路会自动关闭,并不会发生过充的现象,所以将电池保留在笔记本电脑中不会对电池寿命造成不良影响。

3. 硬盘

在平稳状态下使用笔记本电脑,尽量避免在容易晃动的地方进行操作,以免造成机械硬盘的磁盘坏道。开机过程是机械硬盘最脆弱的时候,此时硬盘轴承转速尚未稳定,若产生震动则易造成坏道。所以建议开机后,等待 10 s 左右再移动笔记本电脑。

4. 散热

一般而言，笔记本电脑制造厂商使用风扇、散热导管、大型散热片、散热孔等方式散发笔记本电脑运行时所产生的热量。因此，请勿将笔记本电脑放置在不平整的表面或柔软的物品上，如床上、沙发上、棉被上，这样有可能会堵住散热孔而影响散热效果，进而降低运行性能或出现死机状况，甚至导致其他不可预期的情况发生。

5. 键盘、触摸板

键盘、触摸板的维护保养参见液晶屏的操作处理方法。

七、组装后整机检测

内存条和 SSD 固体硬盘安装完成后，进入 BIOS 将 SSD 硬盘设置为第一系统启动盘，通过启动 U 盘，格式化 SSD 固体硬盘后，将原来系统镜像刻录到 SSD 硬盘，重新开机。等待 6 s 后系统即可启动完成，如图 2.51 所示。用户可安装固体硬盘测速工具 AS SSD Benchmark 对所装的固体硬盘进行测试，测试结果如图 2.52 所示。

图 2.51　重启时间

图 2.52　SSD 硬盘测速

思 考 题

（1）台式机 CPU 安装需要注意哪些事项？
（2）加内存条有哪些要求？
（3）如何加 SSD 固体硬盘？谈谈你的想法。
（4）笔记本电脑维护保养需要注意的事项有哪些？

项目三　合理设置 BIOS

1981 年，当时被信息界称为蓝色巨人的 IBM 公司在研究自己的第一台个人计算机（IBM PC）时，工程师将开机程序的前导程序代码以及一些最基本的外围 I/O 处理的子程序码，写入了一块大约 32 KB 大小的 PROM(Programmable ROM，可编程只读存储器)中，这个程序代码就是 BIOS(Basic Input Output System)。这些工程师还把一些开机时的硬件启动/检测码(Initial Code)，从软盘或硬盘加载到操作系统中，以提高兼容性。BIOS 是硬件与软件程序之间沟通的"媒介"或"接口"，负责解决硬件的即时需求，并按软件对硬件的操作要求执行命令。

在开机之后，BIOS 的 POST(Power On Self Test，开机自检程序)立即工作，它将对 CPU 内外部，以及内存、各接口、驱动器等进行检测，最后执行 BIOS 中的 19 号中断，引导硬盘主引导记录扇区启动，导入操作系统，使用户可以进行计算机操作。因此，对 BIOS 进行合理的设置，可以使系统功能得以充分发挥，使系统硬件可能发生的故障减到最少。下面对 BIOS 作一个简单的介绍。

1. BIOS 的功能

BIOS 的功能主要包括自检和初始化、程序服务及设定中断。

1) 自检和初始化

开机自检程序 POST 是 BIOS 在开机后最先启动的程序，启动后 BIOS 将对计算机的全部硬件设备进行检测。开机自检程序一般包括对 CPU、系统主板、640 KB 基本内存、1 MB 以上的扩展内存进行测试，并进行系统 ROM BIOS 测试、CMOS 存储器中系统配置的校验、视频控制器初始化、视频内存测试、视频信号和同步信号检验，同时对 CRT 接口进行测试，对键盘、软驱、硬盘及 CD-ROM 子系统进行检查，对并行口(打印机)和串行口(RS232)进行检查。在开机自检过程中，如果发现问题，BIOS 会做出判断和处理。通常情况下，BIOS 会对检测出来的错误分两种情况进行处理：① 在发现严重故障时自动停机，并给出大写字符的错误信息提示；② 在发现轻微故障时，以屏幕提示或声音报警等方式通知用户，并等待用户处理。

BIOS 在完成 POST 自检后启动磁盘引导扇区自举程序，ROM BIOS 按照系统 CMOS 设置中的启动顺序信息，首先搜索软硬盘驱动器、CD-ROM、网络服务器等有效的启动驱动器，将操作系统盘的引导扇区记录读入内存，然后将系统控制权交给引导记录，并由引导程序装入操作系统的核心程序，以完成系统平台的启动过程。这一过程之后，操作系统平台已经处于工作状态，用户就可以在计算机上工作了。

2）程序服务

程序服务的主要功能是为应用程序和操作系统等软件服务。BIOS 直接与计算机的 I/O（Input/Output，即输入/输出）设备进行信息交换，通过特定的数据端口发出命令，传送或接收各种外部设备的数据。软件程序通过 BIOS 完成对硬件的操作，如将磁盘上的数据读取出来并将其传输到打印机或传真机，或通过扫描仪将素材直接输入到计算机中。

3）设定中断

设定中断也称硬件中断处理程序。BIOS 实质上是计算机系统中软件与硬件之间的一个可编程接口，用于完成程序软件与计算机硬件之间的沟通，实现程序软件功能与计算机硬件之间的衔接。软件响应 BIOS 的中断服务程序，处理取得有关硬件的数据，进而通过BIOS 使硬件执行软件的命令。因此可以说，中断是中央处理器与外部设备之间交换信息的一种方式。

在开机时，BIOS 就已将各硬件设备的中断信号提交到 CPU（中央处理器），当用户发出使用某个设备的指令后，CPU 就会暂停当前的工作，并根据中断信号使用相应的软件完成中断处理，然后返回原来的操作。DOS/Windows 操作系统对软盘、硬盘、光驱与键盘、显示器等外围设备的管理就是建立在系统 BIOS 中断功能的基础上的。

2. BIOS 的种类

BIOS 大多指主板 BIOS，事实上，除了主板上有 BIOS 以外，其他设备如网卡、显卡、MODEM、数码相机和硬盘等也有 BIOS。显卡上的 BIOS 可用来完成显卡和主板之间的信息交换；硬盘的启动和使用也需要 HDD BIOS 来完成。这些外部设备上的 BIOS 也和主板上的 BIOS 一样，采用 Flash Memory 作为 BIOS 芯片，同样也可以方便地升级，以修改其缺陷并增强兼容性。按照功能划分，BIOS 大致分为以下三类：

1）主板 BIOS

位于主板上的 BIOS 的主要功能是管理计算机的硬件与软件系统之间的信息传递，起到一个"接口"或桥梁的作用。

2）显卡 BIOS

显卡 BIOS 主要负责显卡和计算机系统之间的信息传递。

3）SCSI 控制卡 BIOS

SCSI 控制卡 BIOS 负责管理外部设备与计算机系统之间的信息传递。

3. BIOS 设定信息的存储位置

很多用户都认为 BIOS 设定信息是存储在 BIOS 芯片中的，但实际上并非如此，BIOS 设定信息是存储在主板的南桥芯片中的，如果主板是南北桥整合芯片组主板，BIOS 设定信息则存放在整合芯片组中。当然，从严格意义上讲，简单描述为"存放在南桥芯片组中"是不太正确的，应该说是"存放在包含于南桥芯片之中的一部分 RAM 里"。

既然说到了此处，就有两个问题不可回避：其一，南桥芯片包含 RAM 中信息存储的方式，因为南桥芯片所包含的 RAM 其实很小，存储的是纯粹的"值"，而这些值所代表的意义却是由 BIOS 芯片中的 BIOS 程序来解释的，比如"Quick Power On Self Test（快速加电自检）"可以用 0 代表 Enabled，用 1 代表 Disabled；其二，设定信息之所以不存放在 BIOS 芯片中，是因为 BIOS 芯片早期是由高电压写入、低电压读取的，这一特点导致了开发者并未在 BIOS 芯片中存放设定值，而是改用南桥芯片中的一段空间来存储设定值。所以，BIOS 芯片存储 BIOS 设定信息的说法是错误的。真正的 BIOS 设定信息是存储在南桥芯片的一段 RAM 中的。

4. 主板上纽扣电池的作用

很多用户发现主板上有一颗纽扣电池，认为它是用于向 BIOS 芯片供电的。但其实，只要了解了 BIOS 设定值并没有存放在 BIOS 芯片中，那么"BIOS 电池为 BIOS 供电"一说自然是谬误的，甚至"BIOS 电池"这个说法都有待商榷了。再者，Flash ROM、EPROM 这些都是只读存储器（ROM），在没有外界干预的情况下，它们存储的信息理论上是不会丢失的，所以根本就不需要电池维持工作，而只有随机存储器（RAM）才需要电池供电以保存信息。由此可以判断出"BIOS 放电""清除 BIOS"这些说法都是不正确的。所以，主板电池供电的目标应是 RAM 而非 ROM，主板电池是给南桥芯片供电的，而"清除 BIOS"的说法也应改为"清除 BIOS 设置"。

5. BIOS 与 CMOS 的区别

BIOS 与 CMOS 并不是相同的概念，它们之间有着本质的区别。BIOS 是用来设置硬件的一组计算机程序（中断指令系统），该程序保存在主板上的一块只读 EPROM 或 EEPROM 芯片中，有时也将放置 BIOS 程序的芯片简称为 BIOS。BIOS 包括系统的重要例程以及设置系统参数的设置程序（BIOS Setup 程序）。

CMOS 则是计算机主板上的一块可读写的 RAM 芯片，用来保存当前系统的硬件配置、设置信息以及用户对 BIOS 设置参数的设定，其内容可通过程序进行读写。CMOS 芯片由系统电源和主板上的可充电电池供电，而且该芯片的功耗非常低，即使系统断电，也可由主板上的备用电池供电，能维持其所保存的数据在几年内不会丢失。

所以，BIOS 与 CMOS 既相关又有所不同。BIOS 是计算机系统中断控制指令系统的只读存储器；CMOS 是存储计算机硬件系统的配置及设置、一种可改写的存储器。BIOS 中的系统设置程序是用来完成系统参数设置与修改的工具；CMOS RAM 是设定系统参数的存放场所，是设置的结果。BIOS 和 CMOS 都和系统设置有密切的关系，因而也就有了"BIOS 设置"和"CMOS 设置"的说法。准确来讲，应该是通过 BIOS 设置程序对系统参数进行设置与修改，这些数据保存在 CMOS 中。

6. BIOS 芯片厂商和 BIOS 厂商

BIOS 虽然只是一个程序，但是 BIOS 程序所存储的物质载体——BIOS 芯片（Flash ROM）不容忽视，它同样需要制造厂商。BIOS 是一个程序，BIOS 芯片是一个 ROM，两者并非同一概念。所以，BIOS 芯片的生产厂商和 BIOS 程序的编制厂商分别是硬件生产者和软件开发者，切不可混为一谈。

7. BIOS 软件三剑客

1）AMI

American Megatrends Inc（AMI，美国安迈），以研发根基深厚、开机速度快捷闻名。

2）Phoenix

Phoenix Technologies（美国凤凰科技），在旧的台式机（尤其主板）中较为常见。

3）Award

Award(惟尔科技，后来被 Phoenix 于 1998 年 9 月并购)，笔记本电脑中最常见的是 Phoenix BIOS。

这三家 BIOS 系统软件公司在全球 BIOS 的占有率极高，是 BIOS 的大型制造厂商。

任务 1　AMI BIOS 设置实战

AMI BIOS 软件系统的优点在于其使用方便，性能稳定，BIOS 设置非常简便，容错能力也很强。AMI 公司还推出了窗口界面的 BIOS 设置程序——Win BIOS。Win BIOS 一改过去的字符界面，采用了图形窗口化的设置界面，图文并茂，Win BIOS 也因此而得名。AMI BIOS 设置程序的操作键定义如表 3.1 所示，其他 BIOS 的操作键定义也可参照此表。

表 3.1　**AMI BIOS 设置程序的操作键定义表**

操　作	功　能
→←↑↓	选择设置菜单中的设置项
Enter	执行选中的设置项
＋/Page Up	增加设定值或修改设置项的值
－/Page Down	减少设定值或修改设置项的值
Esc	如果在主菜单中按 Esc 键,则会弹出提示框,用于退出设置程序; 如果当前窗口不在主菜单中,则退出当前设置菜单,返回主菜单
Home	返回功能组中设置项的最末行参数
End	选择功能组中设置项的最末行参数
F1	提供简单的帮助信息
F2	恢复前一次的设置值
F6	加载系统默认的安全设置值
F7	加载系统默认的优化设置值
F10	保存修改后的设置

总的来说，可以用方向键在主菜单中选择设置项，按 Enter 键进行确认，进入次级菜单并再次使用方向键选择设置项，然后用 ＋/Page Up 或 －/Page Down 键修改设置值。

一、AMI BIOS 主菜单

在启动系统时，按 Del 键进入 AMI BIOS 设置程序的主菜单，如图 3.1 所示。

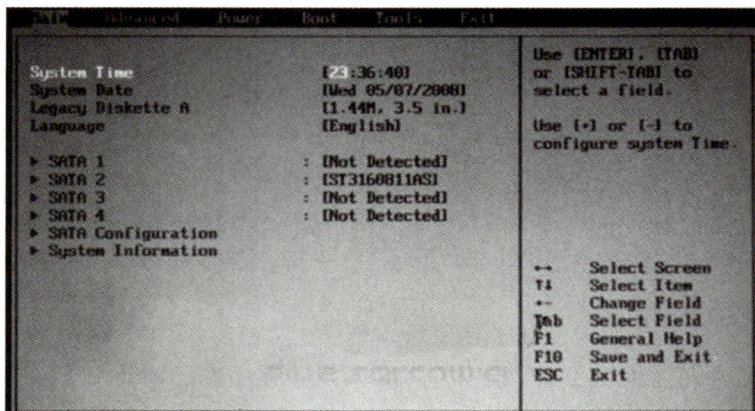

图 3.1　AMI BIOS 设置程序主菜单

区分一款主板到底采用的是 Award BIOS 还是 AMI BIOS 有很多种方法，最准确的就是看 BIOS 界面里的相关字段。这里笔者提供一种更简单的方法来进行区分：BIOS 程序界面为蓝底白字的，一般都是 Award BIOS 程序；而 BIOS 程序界面为灰底蓝字的，一般都是 AMI BIOS 程序。

AMI BIOS 程序一般有六个子菜单，分别是 Main、Advanced、Power、Boot、Tools 以及 Exit。但这并不固定，个别厂商推出的主板或许会有一些较为特殊的功能，厂商自己则可能会添加一些项目或菜单。目前，90%以上的 AMI BIOS 都拥有以上六大菜单。

1. Main

一般来说，Main 菜单用于调节一些基本的项目，比如系统时间、界面语言、驱动器的识别等。

2. Advanced

从字面意思上来看，"Advanced"有"高级"之意，Advanced 菜单即用于选择 BIOS 设置中一些高级调节选项。一般来说，CPU 超频调节、内存调节、电压调节等选项都包含在 Advanced 菜单中。

3. Power

"Power"意为"电源"，即关于电源的设置都包含在这个菜单中，例如，电源模式、高级电源管理、键盘/鼠标开机、网络开机等设置选项。

4. Boot

"Boot"的中文意思可以理解成"引导"，Boot 菜单即为引导计算机启动的一些设置。最常用的就是设置光驱/硬盘作为首引导设备，以及计算机引导过程中的一些基本设置。

5. Tools

Tools 菜单里一般都是主板厂商自己提供的一些工具软件，比如华硕主板的 EZ Flash（主板 BIOS 刷写程序）。由于此菜单里的项目均为主板厂商自行加入的一些工具，不具备代表性，所以对这部分内容就不作重点讲述了。

6. Exit

"Exit"中文意思为"退出"，Exit 菜单主要设置一些退出 BIOS 的选项，例如保存设置并退出、取消设置再退出等。

在 BIOS 设置中，经常用到"Disabled""Enabled"和"Auto"这三个单词。其中"Disabled"的中文意思为"关闭、禁用"；"Enabled"意为"启用、开启"；而"Auto"则表示"自动"的意思，也就是让 BIOS 自己来控制。

通过以上介绍，相信读者在选择 BIOS 菜单时，可以有目标地进行操作。例如，设置超频 CPU，可选择 Advanced 菜单；设置键盘开机，肯定是选择 Power 菜单。当然，上面介绍的主要是一个整体的调节思路，下面具体介绍 BIOS 里五个菜单中重要的设置项目。

二、AMI BIOS 子菜单

1. Main

进入 AMI BIOS 后，主菜单默认的是子菜单 Main 界面，如图 3.1 所示。在 Main 菜单中，并没有什么特别重要的资料，第一项是调节系统时间，第二项是调节系统日期，实际上这两个步骤都可以在 Windows 中进行操作。

菜单里的第三行 Legacy Diskette A 是配置软盘驱动器的一个选项。用户可以在这里选择软驱的类型，比如 1.44M 3.5 in。目前已经有 80% 以上的用户装机时不需要软驱了，软驱的使用率也越来越低，U 盘几乎取代了一切。对于没有软驱的计算机，在这里一定要设置成 Disabled，即关闭软驱检测。Main 菜单中有四个 SATA 配置，是直接关联主板上的 SATA 接口的。一般来说，SATA 接口可以自动识别安装到此端口的设备，所以几乎不需要设置，当然不排除特殊情况。软驱设置如图 3.2 所示。

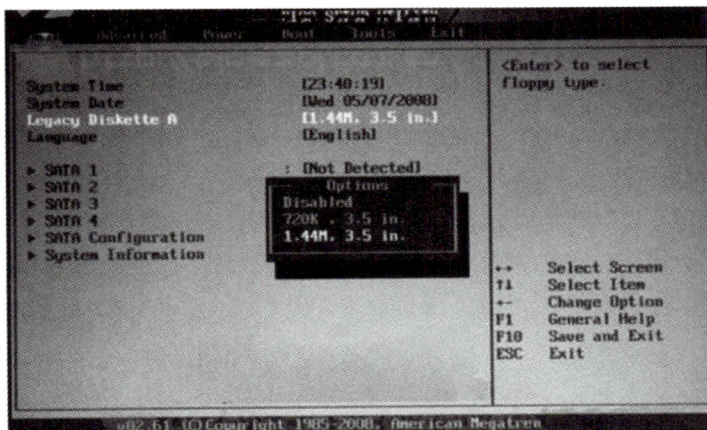

图 3.2　AMI BIOS 软驱设置

SATA Configuration 从字面上的意思来理解，表示 SATA 配置，此项目的界面如图 3.3 所示。在这里，可以对主板上的 SATA 工作模式进行调节，甚至关闭 SATA 接口的功能。

图 3.3　AMI BIOS SATA 接口设置

SATA 工作模式一般分 Compatible 和 Enhanced 两种，从中文意思上来理解，也就是"兼容模式"和"增强模式"。

很多用户都会遇到在安装 Windows 2000、Linux 系统时找不到硬盘的情况，这实际上是 SATA 工作模式没有调节好所造成的。一般来说，一些比较老的操作系统对 SATA 硬盘支持度非常低，在安装系统之前，一定要将 SATA 工作模式设置成 Compatible。Compatible 模式下，SATA 接口可以直接映射到 IDE 通道，即 SATA 硬盘可被识别成 IDE硬盘，如果此时计算机中还有 SATA 硬盘的话，就需要进行相关的主从盘跳线设定了。Enhanced 模式是增强模式，每一个设备拥有自己的 SATA 通道，不占用 IDE 通道，适用于 Windows XP 以上的操作系统。

硬盘的写保护设置如图 3.4 所示，主要是防止 BIOS 对硬盘的写入，实际上是防范多年前有名的 CIH 病毒。不过现在已经很少遇到 BIOS 病毒了，所以硬盘写保护并无作用，建议设置为 Disabled。

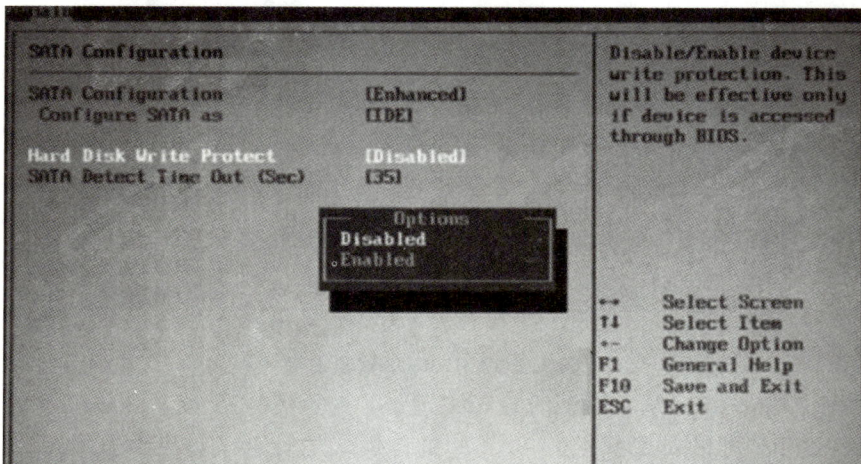

图 3.4　AMI BIOS 硬盘写保护设置

返回 Main 主菜单中，最后一个项目是 System Information，这个项目可用于查看当前计算机的一些基本配置，比如 CPU 型号、频率、线程数、内存容量等信息，如图 3.5 所示。

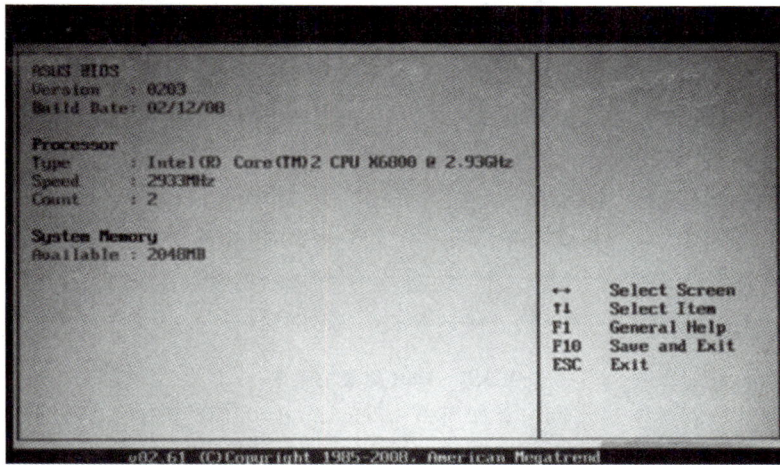

图 3.5　AMI BIOS 系统信息

2. Advanced

Advanced(高级)菜单中项目众多，如图 3.6 所示。现就 Advanced 菜单中的重点项目进行讲述。

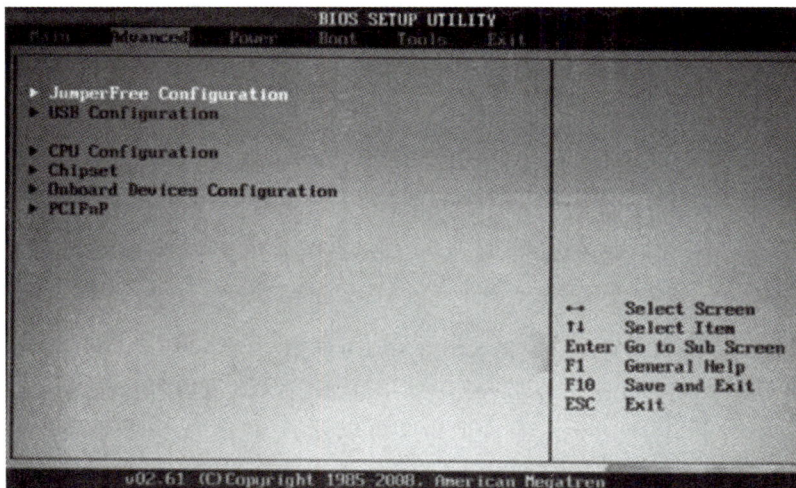

图 3.6　AMI BIOS 子菜单 Advanced

打开 Advanced 菜单，可以看到如图 3.6 所示的六大板块。

1) USB Configuration

USB Conguration(USB 配置)里的内容不多，其中，USB Functions 可用于配置是否开启 USB 功能，对于普通用户来说，此功能必须开启。不过对于网吧机，这里应该选择 Disabled，如图 3.7 所示。

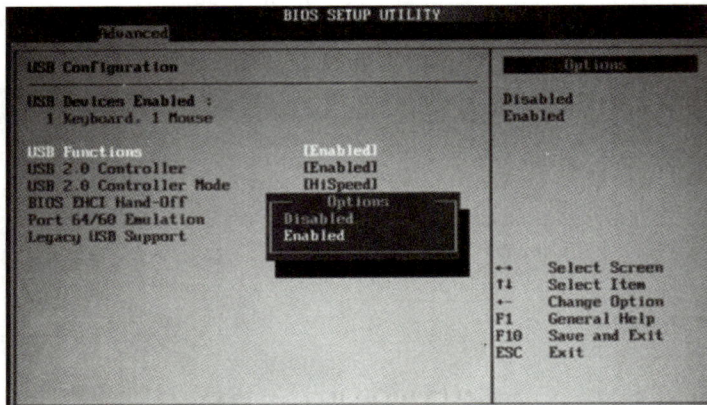

图 3.7　USB 配置主菜单

第二项是 USB 2.0 控制器调节，如果选择 Enabled，USB 接口会在 USB 2.0 的传输模式下工作；如果选择 Disabled，USB 接口就会被降级为 USB 1.1，速度会慢很多。

第三项是 USB 2.0 控制器工作模式，有高速模式和全速模式两种选择，不过此项意义不大，如图 3.8 所示。

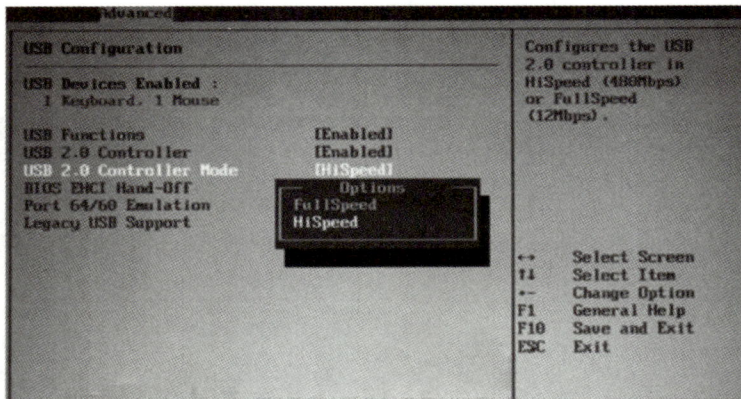

图 3.8　USB 2.0 配置

第四项和第五项对于普通用户来说作用不大，保持默认值即可。

第六项 Legacy USB Support，直译成中文可以理解为"传统 USB 设备支持"，这里一定不要设置成 Disabled，否则连接的 USB 键盘会出现无法在 BIOS 和 DOS 中识别的情况。建议选择 Auto，在计算机连接有传统 USB 设备时，则开启；反之则自动关闭。USB 设备支持设置如图 3.9 所示。

2．Onboard Devices Configuration

Onboard Devices Configuration(板载设备配置)用于设置一些集成在主板上的设备，包括声卡、网卡、1394 控制器等。如果用户突然发现声卡或者网卡消失了，那么就应该先查看 BIOS 里该项是否被屏蔽。图 3.10 所示为高保真音频的设置。如果没有独立声卡的话，建议选择 Enabled。

图 3.9   USB 设备支持设置

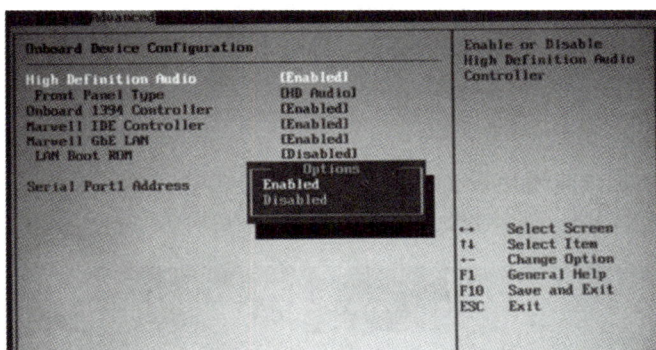

图 3.10   高保真音频设置

Front Panel Type 是前置音频的类型，可以设置成 AC97 或者是 HD Audio。如果没有 5.1 声道以上的音响设备，建议设置成 AC97，保持前后音频的相对独立；如果选择 HD Audio，则前置音频只能作为 5.1 声道系统中的两个小音箱，如图 3.11 所示。

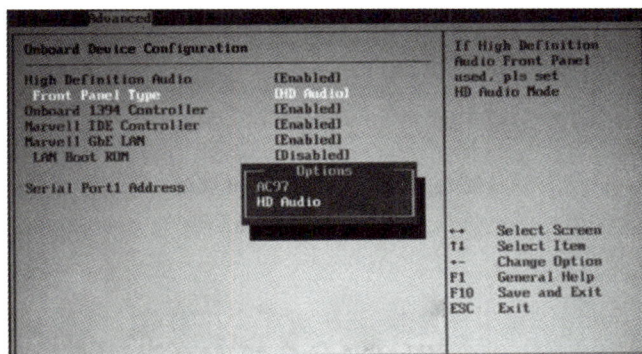

图 3.11   音频类型设置

第四项是 Marvell IDE Controller（Marvell IDE 类型）选项的设置。对于测试所用的华硕 P5K/EPU 主板，由于采用 P35 芯片组，南桥芯片没有直接提供 IDE 的支持。但是，华硕

P5K/EPU 采用了 Marvell 公司提供的 IDE 控制芯片，通过该芯片可提供 IDE 接口的支持。如果没有 IDE 硬盘或光驱，可以将此项设置为 Disabled，如图 3.12 所示。

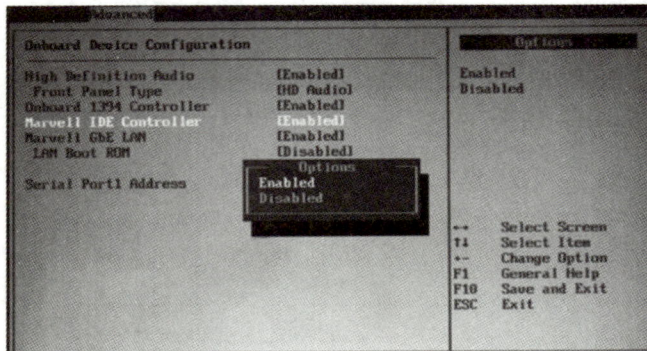

图 3.12　Marvell IDE 类型设置

　　第五项是 Marvell 千兆网卡控制器设置，除非有性能更加强劲的独立网卡，一般情况下此选项建议设置成 Enabled。

3. Boot

　　Boot(启动)菜单是平时使用最多的一个菜单，如图 3.13 所示，该菜单主要是对各种引导项进行配置。下面对 Boot 菜单里的重要功能作详细的介绍。

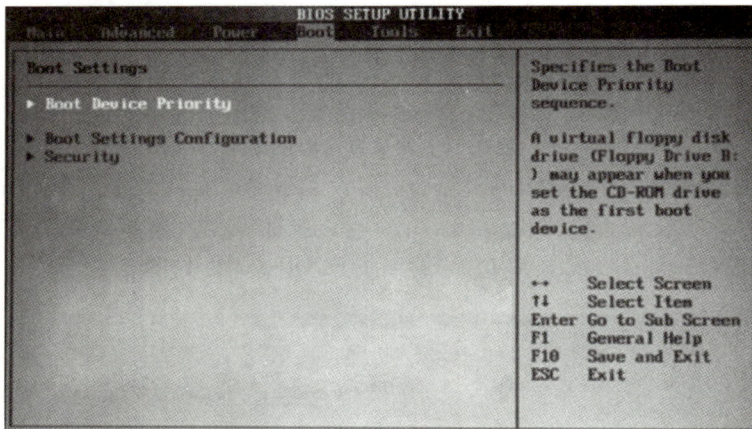

图 3.13　AMI BIOS Boot 菜单

　　Boot 菜单包含三个子菜单，这三个子菜单里的内容都非常实用。

1) Boot Device Priority

　　Boot Device Priority(优先引导设备)选项可用于设置系统优先的引导设备。1st Boot Device 是首引导设备，2nd Boot Device 是第二个引导设备，以此类推。如果要使用光盘安装系统，则需要将 1st Boot Device 设置成光驱，在选项里找到所使用的光驱型号即可；如果用户想要从硬盘启动系统，那么就需要将硬盘设置成 1st Boot Device，如图 3.14 所示的 HDD：PM-ST3160811AS，即为希捷 160 GB 硬盘。

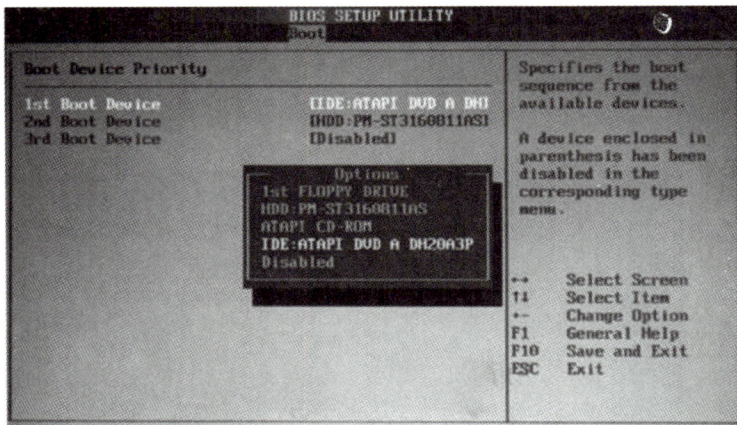

图 3.14　启动引导设备设置

2）Boot Settings Configuration

在 Boot Settings Configuration（引导设置配置）菜单中使用最多的是 Wait For 'F1' If Error 和 Full Screen Logo 选项，如图 3.15 所示。

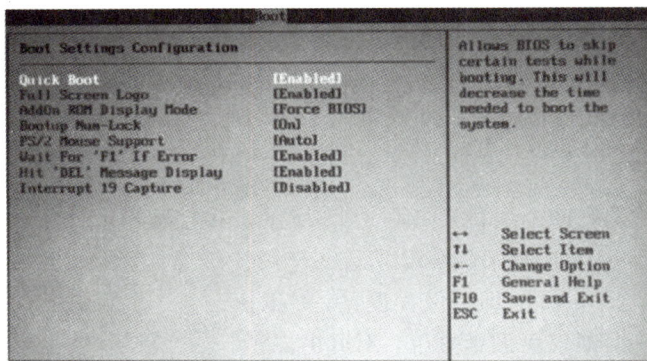

图 3.15　引导设置配置

Full Screen Logo 的作用就是关闭/开启开机 BIOS 全屏画面，如图 3.16 所示，有 Enabled 和 Disabled 两个选项，Enabled 表示开启全屏开机画面，Disabled 则表示关闭开机 Logo。

图 3.16　开机 BIOS 全屏画面设置

对于 Hit'DEL'MESSAGE Display 选项,相信很多用户都遇到过必须按 Del 键才可以启动计算机的情况,实际上就是该选项设置的问题。如果遇到每次开机都需要按 Del 键才能进入的情况,但又不确定到底什么地方出了问题的时候,就可以将此项设置成 Disabled,即可解决问题,如图 3.17 所示。

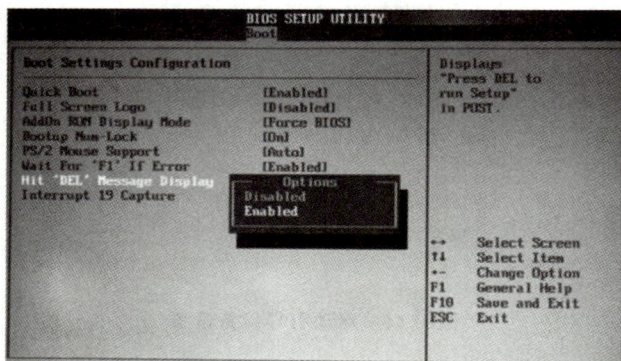

图 3.17 需要按 Del 启动调整

3) Security

Security(开机密码设置)主要用于设置开机密码,简单易学,这里不过多讲述。

4. Tools

由于 Tools(工具)菜单里都是厂商自己添加的一些工具软件,这里就不作介绍了。

5. Exit

Exit(退出)菜单里有四个项目,如图 3.18 所示,由上至下分别为:

Exit & Save Changes,即保存设置并退出。

Exit & Discard Changes,即不保存设置,并退出。

Discard Changes,即仅仅撤销修改,不退出。

Load Setup Defaults,即载入默认设置。

同时,向读者介绍一个保存设置并退出最简单的方法:在 BIOS 设置界面里按 F10 键,再按下"Y"按键,即可完成。

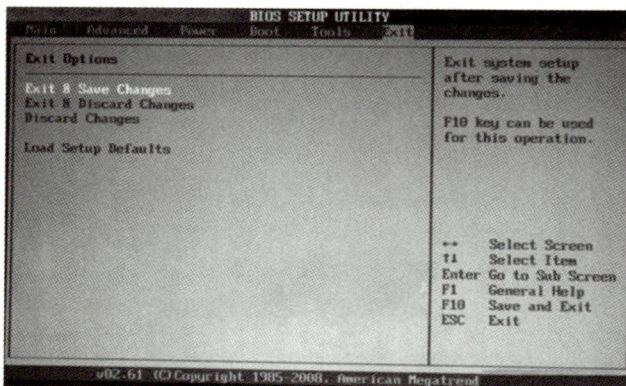

图 3.18 AMI BIOS Exit 菜单

以上即为 AMI BIOS 的重点设置，当然，要真正掌握 BIOS 的设置，还需要勤加练习。

任务 2 Award BIOS 设置实战

Award BIOS 在当前 BIOS 市场中的占有率较大，因而也是当前兼容机中应用最为广泛的一种 BIOS 软件。Award BIOS 功能强大，设置项比较具有代表性，学会设置 Award BIOS，其他 BIOS 设置中的问题也就迎刃而解了。这里以 Award BIOS 的 Award 6.0 标准型为例进行介绍，其他版本的设置大同小异，直接参考 Award 6.0 标准型的设置即可。

一、Award BIOS 主菜单

开启计算机或重新启动计算机后，在屏幕显示"Waiting……"时，按下 Del 键即可进入 CMOS 的设置界面，如图 3.19 所示。需注意，如果 Del 键按得太晚，计算机将会启动系统，这时只能重新启动计算机，在开机后立刻按住 Del 键直到进入 CMOS 界面。进入后，用户可以用方向键移动光标选择 CMOS 设置界面上的选项，然后按 Enter 键进入下一级菜单，用 Esc 键返回上一级菜单，用 Page Up 和 Page Down 键来选择具体选项，用 F10 键保存并退出 BIOS 设置。

图 3.19 Award BIOS 主界面

Award BIOS 主菜单包含 13 个子菜单选项，具体含义及作用如下：

1. Standard CMOS Features

Standard CMOS Features(标准 CMOS 功能设定)用于设定日期、时间、软硬盘规格及显示器种类。

2. Advanced BIOS Features

Advanced BIOS Features(高级 BIOS 功能设定)用于对系统的高级特性进行设定。

3．Advanced Chipset Features

Advanced Chipset Features（高级芯片组功能设定）用于设定主板所用芯片组的相关参数。

4．Integrated Peripherals

Integrated Peripherals（外部设备设定）用于对设定菜单（包括所有外围设备）进行设定，如声卡、Modem、USB 键盘的启闭设定。

5．Power Management Setup

Power Management Setup（电源管理设定）用于设定 CPU、硬盘、显示器等设备的节电功能运行方式。

6．PnP/PCI Configurations

PnP/PCI Configurations（即插即用/PCI 参数设定）用于设定 ISA 的 PnP 即插即用界面及 FCI 界面的参数，此项仅在用户系统支持 PnP/PCI 时才有效。

7．Frequency/Voltage Control

Frequency/Voltage Control（频率/电压控制）用于设定 CPU 的倍频以及是否自动侦测CPU 频率等。

8．Load Fail-Safe Defaults

Load Fail-Safe Defaults（载入最安全的缺省值）用于载入工厂默认值作为稳定的系统使用。

9．Load Optimized Defaults

Load Optimized Defaults（载入高性能缺省值）用于载入最好的性能但有可能影响稳定的默认值。

10．Set Supervisor Password

Set Supervisor Password（设置超级用户密码）用于设置超级用户的密码。

11．Set User Password

Set User Password（设置用户密码）用于设置用户密码。

12．Save & Exit Setup

Save & Exit Setup（保存后退出）用于保存对 CMOS 的修改，然后退出 Setup 程序。

13．Exit Without Saving

Exit Without Saving（不保存退出）用于放弃对 CMOS 的修改，然后退出 Setup 程序。

二、Award BIOS 子菜单

1．Standard CMOS Features

进入 Award BIOS 子菜单 Standard CMOS Features（标准 CMOS 功能设定），显示如图3.20 所示的界面。

图 3.20　**Standard CMOS Features 菜单**

标准 CMOS 设定中包括 Date 和 Time 设定，可以根据需要设定计算机上的时间和日期。

界面中 IDE 选项是硬盘的设置，列表中包括：Primary Master，即第一组 IDE 主设备；Primary Slave，即第一组 IDE 从设备；Secondary Master，即第二组 IDE 主设备；Secondary Slave，即第二组 IDE 从设备。这里的 IDE 设备包括了 IDE 硬盘和 IDE 光驱，第一组、第二组设备是指主板上的第一根、第二根 IDE 数据线。一般来说，靠近芯片的是第一组 IDE 设备；而主设备、从设备是指接在一条 IDE 数据线上的两个设备，每根数据线上可以连接两个不同的设备，主、从设备可以通过硬盘或者光驱的后部跳线来进行调整。

Drive A 和 Drive B 是软驱设置选项，因为现在软驱基本已被淘汰，所以这两个选项建议设置为 None。

Video 可用于设置显示器的工作模式，即 EGA/VGA 工作模式。

Halt On 是错误停止设定。All Errors BIOS 即为检测到任何错误时将停机；No Errors 即为当 BIOS 检测到任何非严重错误时，系统都不停机；All But Keyboard 即为除了键盘以外的错误，系统检测到任何错误都将停机；All But Diskette 即为除了磁盘驱动器的错误，系统检测到任何错误都将停机；All But Disk/Key 即为除了磁盘驱动器和键盘外的错误，系统检测到任何错误都将停机。该选项可用于设置系统自检遇到错误时的停机模式，如果发生以上错误，系统将会停止启动，并给出错误提示。

图 3.20 左下方还包括系统内存的参数，即 Base Memory（基本内存）、Extended Memory（扩展内存）、Total Memory（全部内存）。

2. Advanced BIOS Features

进入 Award BIOS 子菜单 Advanced BIOS Features（高级 BIOS 功能设定），显示如图 3.21 所示的界面。

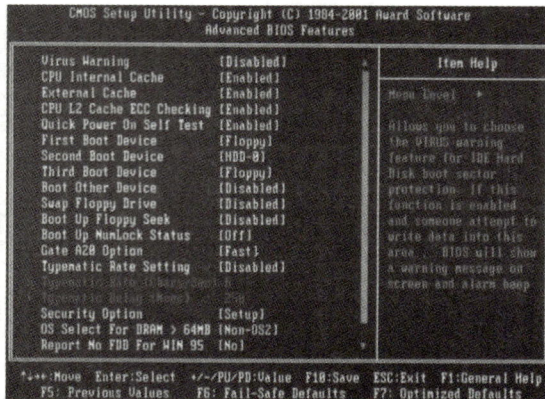

图 3.21 Advanced BIOS Features 菜单

1) Virus Warning

Virus Warning(病毒报警)用于设置病毒入侵的报警信号。在系统启动时或启动后，如果有程序企图修改系统引导扇区或硬盘分区表，BIOS 会在屏幕上显示警告信息，并发出蜂鸣报警声，使系统暂停。该选项的设定值包括 Disabled(禁用)和 Enabled(开启)。

2) CPU Internal Cache

CPU Internal Cache(CPU 内置高速缓存设定)用于设置是否打开 CPU 内置高速缓存，其默认值为打开。该选项的设定值包括 Disabled(禁用)和 Enabled(开启)。

3) External Cache

External Cache(外部高速缓存设定)用于设置是否打开外部高速缓存，其默认值为打开。该选项的设定值包括 Disabled(禁用)和 Enabled(开启)。

4) First Boot Device

First Boot Device(设置第一启动盘)用于设定 BIOS 第一个搜索载入操作系统的引导设备。其默认值为 Floppy(软盘驱动器)，安装系统正常使用后建议设为 HDD-0。该选项的设定值包括：

(1) Floppy，即系统首先尝试从软盘驱动器引导。

(2) LS120，即系统首先尝试从 LS120 引导。

(3) HDD-0，即系统首先尝试从第一硬盘引导。

(4) SCSI，即系统首先尝试从 SCSI 引导。

(5) CDROM，即系统首先尝试从 CD-ROM 驱动器引导。

(6) HDD-1，即系统首先尝试从第二硬盘引导。

(7) HDD-2，即系统首先尝试从第三硬盘引导。

(8) HDD-3，即系统首先尝试从第四硬盘引导。

(9) ZIP，即系统首先尝试从 ATAPI ZIP 引导。

(10) LAN，即系统首先尝试从网络引导。

(11) Disabled，即禁用此次序。

5) Second Boot Device

设定 BIOS 在第一启动盘引导失败后，可用 Second Boot Device(设置第二启动盘)设定第二个搜索载入操作系统的引导设备。其设置方法可参考 First Boot Device 的设置。

6）Third Boot Device

设定 BIOS 在第二启动盘引导失败后，可用 Third Boot Device（设置第三启动盘）设定第三个搜索载入操作系统的引导设备。其设置方法可参考 First Boot Device 的设置。

7）Boot Other Device

将 Boot Other Device（其他设备引导）设置为 Enabled，允许系统在第一/第二/第三设备引导失败后，尝试通过其他设备进行引导。该选项的设定值包括 Disabled（禁用）和 Enabled（开启）。

8）Swap Floppy Drive

Swap Floppy Drive（交换软驱盘符）设置为 Enabled 时，可交换软驱 A：和软驱 B：的盘符。

9）Boot Up Floppy Seek

将 Boot Up Floppy Seek（开机时检测软驱）设置为 Enabled 时，在系统引导前，BIOS 会检测软驱 A。根据所安装的启动装置的不同，在"First/Second/Third Boot Device"选项中出现的可选设备也有所不同。例如，如果用户的系统没有安装软驱，则在启动顺序菜单中就不会出现软驱的设置。该选项的设定值包括 Disabled（禁用）和 Enabled（开启）。

10）Boot Up NumLock Status

Boot Up NumLock Status（初始数字小键盘的锁定状态）可用于设定系统启动后，键盘右边的小键盘是数字还是方向状态。该选项的设定值包括 On 和 Off。当设定为 On 时，系统启动后将打开 NumLock，小键盘数字键有效；当设定为 Off 时，系统启动后 NumLock 关闭，小键盘方向键有效。

11）Security Option

Security Option（安全选项）用于指定使用的 BIOS 密码的保护类型。设置值为 System 时，无论是开机还是进入 CMOS Setup 都要输入密码；设置值为 Setup 时，只有在进入 CMOS Setup 时才要求输入密码。

3.　Advanced Chipset Features

进入 Award BIOS 子菜单 Advanced Chipset Features（高级芯片组功能设定），显示如图 3.22 所示的界面。

图 3.22　Advanced Chipset Features 菜单

4. Integrated Peripherals

进入 Award BIOS 子菜单 Integrated Peripherals(外部设备设定),显示如图 3.23 所示的界面。

```
CMOS Setup Utility - Copyright (C) 1984-2001 Award Software
                        Integrated Peripherals

 On-Chip Primary   PCI IDE   [Enabled]              Item Help
 On-Chip Secondary PCI IDE   [Enabled]
 IDE Primary Master PIO      [Auto]           Menu Level    ▶
 IDE Primary Slave  PIO      [Auto]
 IDE Secondary Master PIO    [Auto]
 IDE Secondary Slave  PIO    [Auto]
 IDE Primary Master UDMA     [Auto]
 IDE Primary Slave  UDMA     [Auto]
 IDE Secondary Master UDMA   [Auto]
 IDE Secondary Slave  UDMA   [Auto]
 USB Controller              [Enabled]
 USB Keyboard Support        [Disabled]
 Init Display First          [PCI Slot]
 AC97 Audio                  [Auto]
 AC97 Modem                  [Auto]
 IDE HDD Block Mode          [Enabled]
 POWER ON Function           [BUTTON ONLY]

 Onboard FDC Controller      [Enabled]

↑↓←→:Move  Enter:Select  +/-/PU/PD:Value  F10:Save  ESC:Exit  F1:General Help
F5: Previous Values    F6: Fail-Safe Defaults    F7: Optimized Defaults
```

图 3.23　Integrated Peripherals 菜单

1) IDE 选项

(1) IDE PIO 项。

IDE PIO 包含四个选项,即 IDE Primary Master PIO(IDE 第一主 PIO 模式设置)、IDE Primary Slave PIO(IDE 第一从 PIO 模式设置)、IDE Secondary Master PIO(IDE 第二主 PIO 模式设置)、IDE Secondary Slave PIO(IDE 第二从 PIO 模式设置)。

四个 IDE PIO(可编程输入/输出)项允许用户为板载 IDE 支持的每一个 IDE 设备设定 PIO 模式(0~4)。模式 0~4 提供了递增的性能表现。在 Auto 模式中,系统自动决定每个设备工作的最佳模式。该选项的设定值有:Auto、Mode 0、Mode 1、Mode 2、Mode 3、Mode 4。

(2) IDE UDMA 项。

IDE UDMA 包含四个选项,分别为 IDE Primary Master UDMA(IDE 第一主 UDMA 模式设置)、IDE Primary Slave UDMA(IDE 第一从 UDMA 模式设置)、IDE Secondary Master UDMA(IDE 第二主 UDMA 模式设置)、IDE Secondary Slave UDMA(IDE 第二从 UDMA 模式设置)。

Ultra DMA/33/66/100 只能在用户的 IDE 硬盘支持此功能时使用,而且操作环境包括一个 DMA 驱动程序(Windows 95 OSR2 或第三方 IDE 总线控制驱动程序)。如果用户的硬盘和系统软件都支持 Ultra DMA/33、Ultra DMA/66 或 Ultra DMA/100,则可以选择 Auto 使 BIOS 支持有效。该选项的设定值包括 Auto(自动)和 Disabled(禁用)。

2) USB 项

USB Controller(USB 控制器设置)可用于控制板载 USB 控制器。该选项的设定值包括 Enabled 和 Disabled。

如果用户需要在不支持 USB 或没有 USB 驱动的操作系统下使用 USB 键盘,如 DOS

和 SCO UNIX，则可将 USB Keyboard Support(USB 键盘控制支持)设定为 Enabled。

5．Power Management Setup

进入 Award BIOS 子菜单 Power Management Setup(电源管理设定)，显示如图 3.24 所示的界面。

图 3.24　Power Management Setup 菜单

6．PnP/PCI Configurations

进入 Award BIOS 子菜单 PnP/PCI Configurations(即插即用/PCI 参数设定)，显示如图 3.25 所示的界面。

图 3.25　PnP/PCI Configurations 菜单

7. Frequency/Voltage Control

进入 Award BIOS 子菜单 Frequency/Voltage Control(频率/电压控制),显示如图 3.26 所示的界面。

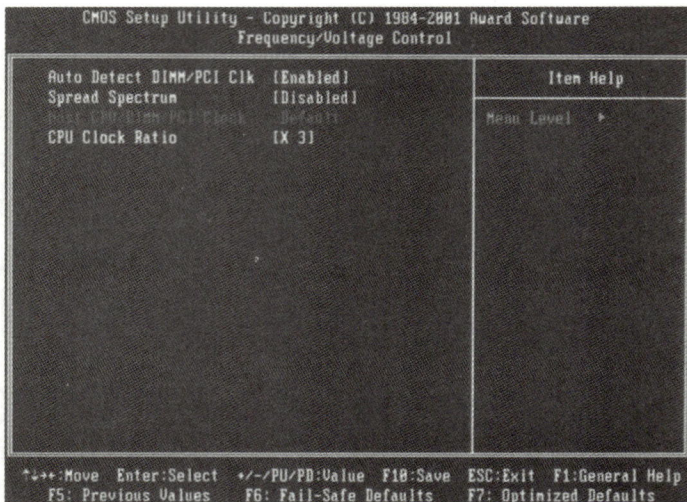

图 3.26　Frequency/Voltage Control 菜单

Award BIOS 的其他子菜单相对比较简单,此处不再介绍。

任务 3　UEFI BIOS 设置实战

一、UEFI 简介

1. UEFI 的概念

作为传统 BIOS 的继任者,UEFI(Unified Extensible Firmware Interface,统一可扩展固件接口)拥有传统 BIOS 所不具备的诸多功能,比如图形化界面、多样的操作方式、允许植入硬件驱动等。这些特性使 UEFI 相比于传统 BIOS 更容易使用,功能更多。且 Windows 8 在发布之初就对外宣布全面支持 UEFI,这也促使了众多主板厂商纷纷转向生产 UEFI,并将此作为主板的标准配置之一。

UEFI 优化了传统 BIOS 需要长时间自检的缺点,使硬件初始化以及引导系统变得简洁、快速。换言之,UEFI 把计算机的 BIOS 变成了一个小型固化在主板上的操作系统,且 UEFI 本身的开发语言已经从汇编语言转变成了 C 语言,高级语言的加入让厂商深度开发 UEFI 变为可能。

2. UEFI 的特点

(1) 通过保护预启动或预引导进程,抵御 bootkit 攻击,从而提高安全性。

（2）缩短了启动时间以及从休眠状态恢复的时间。

（3）支持容量超过 2.2 TB 的驱动器。

（4）支持 64 位的现代固件设备驱动程序，系统在启动过程中可以使用这些程序对超过 172 亿吉字节（GB）的内存进行寻址。

（5）UEFI 硬件可与 BIOS 结合使用。

3. UEFI 和 BIOS 的区别

UEFI 是 BIOS 的一种升级替代方案。关于 BIOS 和 UEFI 二者的比较，如果仅从系统启动原理方面来说，UEFI 之所以比 BIOS 强大，是因为 UEFI 本身已经相当于一个微型操作系统，其带来的便利之处在于：

首先，UEFI 已具备文件系统的支持，它能够直接读取 FAT 分区中的文件。文件系统是操作系统组织管理文件的一种方法，简言之，就是把硬盘上的数据以文件的形式呈现给用户。FAT32、NTFS 都是常见的文件系统类型。

其次，用户可开发出直接在 UEFI 下运行的应用程序，这类程序文件通常以"efi"结尾。既然 UEFI 可以直接识别 FAT 分区中的文件，又可直接在其中运行的应用程序，那么完全可以将 Windows 安装程序做成"efi"类型的应用程序，将其放入任意的 FAT 分区中直接运行即可。如此一来，安装 Windows 操作系统就变得非常简单了，就像在 Windows 下打开 QQ 一样方便、容易。

最后，BIOS 无法完成 UEFI 的特定功能。因为在 BIOS 下启动操作系统之前，必须从硬盘上的指定扇区读取系统启动代码（包含在主引导记录中），然后从活动分区中引导启动操作系统。对扇区的操作远比不上对分区中文件的操作更直观、简单，所以在 BIOS 下引导安装 Windows 操作系统，用户不得不使用一些工具对设备进行配置以达到启动要求。而在 UEFI 下，不再需要主引导记录、活动分区或任何工具，只要将文件复制安装到一个 FAT32（主）分区/U 盘中，然后从这个分区/U 盘启动，安装 Windows 即可。

二、台式机 UEFI BIOS 设置

目前 UEFI 已经成为现代计算机的标准固件接口，因为它提供了许多超越传统 BIOS 的优势，包括更好的性能、更高的安全性、更灵活的启动过程以及更友好的用户界面。UEFI BIOS 有多种版本，但设置选项及方法相近，本节以惠普台式机 HP Pro Tower 288 G9 BIOS 设置举例介绍 BIOS 设置。HP Pro Tower 288 G9 是惠普 2023 年推出的台式机，开机后，按 F10 进入 BIOS 设置，如图 3.27 所示。该 BIOS 设置实用程序主要由 Main、Security、Configuration、Boot Options、Exit 五个主菜单组成，接下来对每个主菜单的选项功能进行说明，如果对英文界面不熟悉，可以切换为中文界面，按键盘右方向键移动到 Configuration 菜单，将 Language 设置为简体中文，如图 3.28 所示。

1. Main（主菜单）

Main 菜单显示系统信息。Main 菜单界面提供了与系统相关的信息，主要有系统时间、日期、产品名称、处理器类型、系统内存、BIOS 供应商和版本、固件版本以及系统日志等信息，如图 3.29 所示。按 F1 键，显示帮助信息，如图 3.30 所示。

图 3.27　BIOS 英文主界面

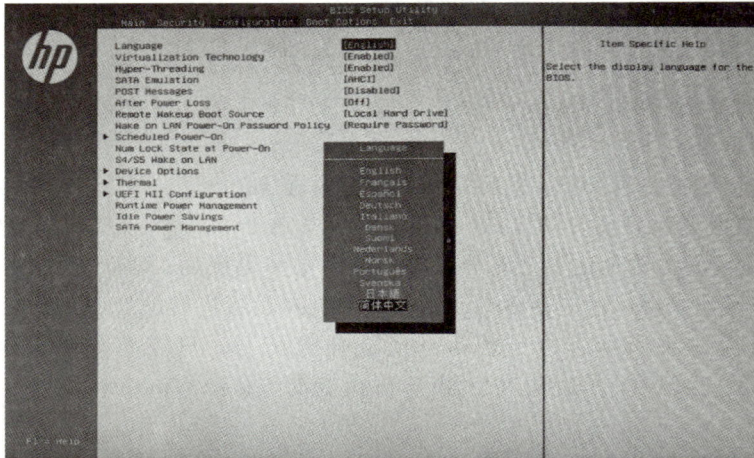

图 3.28　修改 BIOS 界面显示语言

图 3.29　BIOS 中文主界面

图 3.30 BIOS 帮助界面

2. Security(安全)

Security 菜单下包含密码设置(管理员密码、开机密码等)、安全启动等与安全相关的设置，如图 3.31 所示。

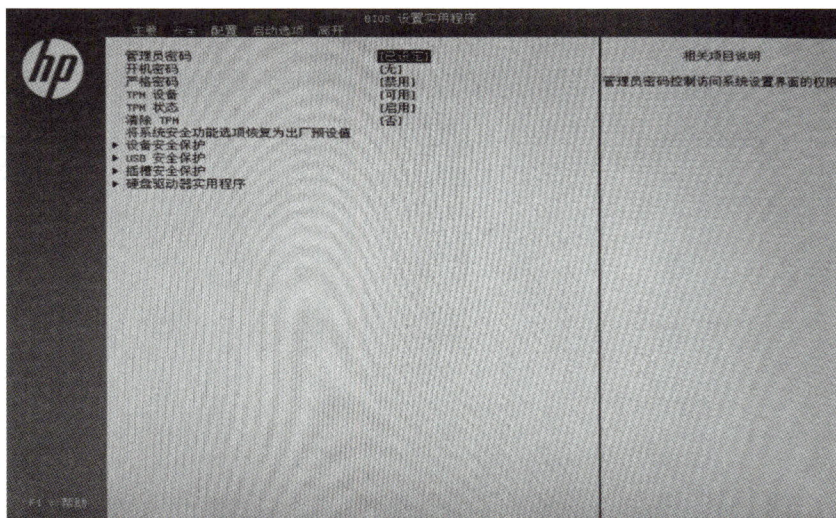

图 3.31 BIOS 安全选项界面

安全选项下各按钮功能说明如下：

(1) 管理员密码：设置管理员密码后，访问 BIOS 设置需要输入此密码，可以限制未经授权的用户更改 BIOS 设置。

(2) 开机密码：设置开机密码后，每次启动计算机都需要输入此密码，可以防止未经授权的用户启动计算机。

(3) 严格密码：启用后，密码的要求将更加严格，可能包括大小写字母、数字和特殊字符，以增强密码的安全性。

（4）TPM 设备：指示系统检测 TPM(Trusted Platform Module，可信平台模块)设备。TPM 是一种安全芯片，可用于存储加密密钥、证书等，以增强系统安全性，安装 Windows 11 系统时该项需要启用。

（5）TPM 状态：表示 TPM 设备当前是否已启用。

（6）清除 TPM：用于清除 TPM 中存储的安全数据，如加密密钥、证书等。通常在需要重置 TPM 或者出售设备前使用。

（7）将系统安全功能选项恢复为出厂预设值：将所有与安全相关的设置恢复到出厂默认状态，用上下方向键移动到此按钮，按 Enter 键打开弹出菜单，按提示说明进行操作。

（8）设备安全保护：用于设备安全设置，如硬盘安全保护、网卡安全保护等。

（9）USB 安全保护：用于 USB 端口安全设置，如禁用 USB 启动、禁用某些 USB 设备等。

（10）插槽安全保护：用于主板插槽的安全设置，如禁用特定插槽的设备启动、禁用特定类型插槽等。

（11）硬盘驱动器实用程序：用于设置与硬盘驱动器相关的安全实用程序，例如密码保护、数据擦除等。

3. Configuration(配置)

Configuration 菜单下包含 SATA 配置、风扇控制、电源管理等硬件配置设置，如图 3.32 所示。

图 3.32　BIOS 配置选项界面

配置选项下各按钮功能说明如下：

（1）语言：用于设置 BIOS 界面显示的语言。

（2）处理器虚拟化技术：启用或禁用处理器的虚拟化技术。此技术用于支持运行虚拟机。如果计划使用虚拟机软件，应启用此选项。

（3）超线程：启用或禁用超线程技术。超线程技术可以提高多任务处理能力，通常建议启用此选项。

（4）SATA 仿真：设置 SATA 控制器的操作模式。该选项可选值有 AHCI 和 RAID。

• AHCI：高级主机控制器接口，建议用于大多数情况下，以提供更好的性能。

• RAID：独立磁盘冗余阵列，用于将多个硬盘驱动器组合成一个逻辑单元。

（5）开机自检消息：启用或禁用开机自检时显示的消息。禁用后，可以加快启动速度。

（6）掉电之后：设置计算机在意外断电后，当恢复供电时计算机的操作行为。可选值有关、开、保持之前的状态，默认为关。当设置为开时，在恢复供电时计算机将会自动开机。

（7）远程唤醒启动源：设置远程唤醒启动时使用的设备，通常选择本地硬盘驱动器。

（8）局域网唤醒开机密码策略：设置局域网唤醒时是否需要密码，为了安全通常设置为需要密码。

（9）计划开机时间：设置在特定时间自动开机。

（10）开机时的 Num Lock 状态：设置开机时数字锁定键（Num Lock）的状态。

（11）S4/S5 唤醒 LAN：启用或禁用在 S4（休眠）或 S5（关机）状态下使用网络唤醒（Wake on LAN）的功能。

（12）设备选项：该选项展开后有串行端口 A、内置扬声器、多处理器、Netclone ROM 等设备选项设置。

• 串行端口 A：设置串行端口 A 的地址和中断请求，用于连接串行接口设备。除非需要用到串行接口设备，否则这个一般可以不用修改。

• 内置扬声器：控制主板上内置扬声器的开关。禁用后，计算机开机和其他系统提示音会被静音。

• 多处理器：启用或禁用多处理器支持。除非需要禁用多核处理器支持，否则这个一般选择启用。

• Netclone ROM：启用或禁用 Netclone ROM 功能。这个 ROM 用于网络克隆，如果没有特殊需求，保持启用即可。

• NIC PXE 选项 ROM 下载：启用或禁用网络接口卡（NIC）PXE 选项 ROM 下载。PXE 用于通过网络启动系统，例如网络安装操作系统，如果不用网络启动，可以关闭。

• PCI SERR♯生成：设置 PCI 总线上的 SERR♯信号的生成。SERR♯信号用于报告 PCI 设备错误，一般保持启用。

• PCI VGA 调色板探测：启用或禁用 PCI VGA 调色板探测。如果不是需要调试显卡相关问题，可以保持默认关闭。

（13）热量：该选项展开后，显示和检查散热的相关设置，主要有 CPU 风扇、系统风扇的转速显示和启用检查等。

（14）UEFI HII 配置：UEFI HII（Human Interface Infrastructure，人机界面基础设施）配置，该项用于查看和配置网卡的相关信息。

• Realtek PCIe GbE Family Controller（MAC：E0：73：E7：15：EE：A4）：用于显示 Realtek PCIe 千兆以太网控制器的基本信息，包括 MAC 地址 E0：73：E7：15：EE：A4. 展开此项后可以查看此网卡的详细参数.

• MAC：E073E715EEA4-IPv4 Network Configuration：用于 Realtek 网卡的 IPv4 网

络配置. 展开此项后可以配置 IPv4 地址、子网掩码、网关等相关参数.

• MAC:E073E715EEA4-IPv6 Network Configuration: 用于 Realtek 网卡的 IPv6 网络配置. 展开此项后可以配置 IPv6 地址、子网掩码等相关参数.

(15) 运行时电源管理:启用或禁用运行时电源管理,通常建议启用,以节省电力。

(16) 闲置时节能模式:设置系统空闲时的节能模式,此选项的值有正常和扩展,扩展表示更强的节能效果。

(17) SATA 电源管理:启用或禁用 SATA 设备的电源管理,通常建议启用,以节省电力。

2. Boot Options(启动选项)

Boot Options 菜单下包含启动顺序、UEFI 启动模式选择等与启动相关的设置,如图 3.33 所示。

图 3.33 BIOS 启动选项菜单界面

启动选项下各按钮功能说明如下:

(1) 功能键延迟(秒):设置在开机自检期间按下功能键(如 F10 进入 BIOS)的延迟时间,单位为秒。通常设置为 0 秒,以便能够快速进入 BIOS 设置。如果某些设备响应较慢,可以适当增加延迟时间。

(2) USB 启动设置:启用或禁用从 USB 设备启动系统的功能。如果需要从 U 盘或移动硬盘启动,应启用此选项。

(3) 网络启动设置:启用或禁用从网络启动系统的功能。如果需要通过网络安装操作系统或执行其他网络启动任务,应启用此选项。

(4) 网络启动协议:设置网络启动使用的协议,可以选择 IPv4、IPv6 或两者都支持。

(5) 安全启动模式:启用或禁用安全启动功能。安全启动能够阻止未签名的恶意引导程序加载,保护系统安全。

(6) 平台金钥:显示平台金钥是否已注册。平台金钥用于安全启动的验证。

（7）尚未完成的动作：表示是否存在尚未完成的启动操作。

（8）清除所有安全启动的金钥：清除所有与安全启动相关的金钥，包括平台金钥。

（9）加载 HP 的预设金钥：加载 HP（惠普公司）预先设定的安全启动金钥。

（10）UEFI 模式下的开机顺序：设置 UEFI 启动模式下系统启动时搜索启动设备的顺序，包括操作系统启动管理器、系统内置光驱、USB 闪存驱动器/USB 硬盘、USB CD/DVD 光驱、内置网络设备，通过 F5 或者 F6 键来调整启动设备的优先级。

5．Exit（退出）

Exit 菜单包含保存更改并退出、忽略更改并退出、加载默认设置等选项，如图 3.34 所示。

图 3.34　BIOS 离开选项菜单界面

退出选项下各按钮功能说明如下：

（1）保存更改并退出：保存在 BIOS 中所做的所有更改，然后退出 BIOS 设置实用程序。

（2）忽略更改并退出：放弃在 BIOS 中所做的所有更改，直接退出 BIOS 设置实用程序。

（3）加载默认值：将所有 BIOS 设置恢复到出厂默认值。

（4）应用默认值并退出：将所有 BIOS 设置恢复到出厂默认值，然后退出 BIOS 设置实用程序。

（5）将当前设置保存为默认设置：将当前在 BIOS 中所做的所有设置保存为新的默认设置。

（6）将出厂设置还原为默认设置：将之前通过“将当前设置保存为默认设置”操作保存的设置删除，恢复为出厂时的默认设置。

三、笔记本电脑 UEFI BIOS 设置

笔记本电脑的 UEFI BIOS 同样有多个版本,设置选项及方法相近,接下来以联想 ThinkBook 16G4＋IAP 笔记本电脑举例介绍 BIOS 设置。ThinkBook 16G4 笔记本电脑是联想公司 2022 年推出的笔记本电脑,开机后,按 F1 进入 BIOS 设置,如图 3.35 所示。该 BIOS 设置实用程序主要由 Information、Configuration、Security、Boot、Exit 五个主菜单组成,接下来对每个主菜单的选项功能进行说明。在 BIOS 界面按 F1 显示帮助信息,如图 3.36 所示。如果对英文界面不熟悉,可以切换为中文界面,按键盘下方向键移动到 Language 选项,将 Language 设置为简体中文,如图 3.37 所示。

图 3.35 BIOS 设置界面

图 3.36 BIOS 帮助菜单界面

图 3.37　BIOS 中文设置界面

1. 系统信息

系统信息用于显示当前笔记本电脑的基本硬件信息，如 BIOS 版本、主机型号、序列号、处理器、内存信息等。

（1）产品名称：显示笔记本电脑的型号。

（2）BIOS 版本：显示当前安装的 BIOS 固件版本号。BIOS 版本号用于标识 BIOS 固件的版本，通常会在更新时发生变化。

（3）EC 版本：显示当前安装的嵌入式控制器（EC）固件版本。EC 固件负责管理一些硬件操作，如键盘、风扇、电源管理等。

（4）主机型号：显示笔记本电脑的具体型号信息，通常用于区分不同配置的同系列产品。

（5）主机编号：显示笔记本电脑的唯一序列号，用于识别和追踪设备。

（6）系统：显示笔记本电脑的通用唯一识别码（UUID），用于在网络中唯一标识设备。

（7）处理器信息：显示笔记本电脑所使用的处理器型号，此处为 12th Gen Intel(R) Core(TM) i5-12500H，即第 12 代 Intel Core i5-12500H。

（8）内存信息：显示笔记本电脑安装的内存容量，单位为兆字节（MB），16384 MB，即 16 GB。

（9）存储设备信息（NVME SSD）：显示笔记本电脑所使用的 NVMe SSD 的型号——Micron MTFDKBA512TFH，即 Micron 公司的 MTFDKBA512TFH 固态硬盘。

（10）预装 Windows 授权：显示预装 Windows 系统的授权信息。

（11）Windows 密钥：显示预装 Windows 系统的产品密钥。

（12）安全启动：表示是否启动安全启动功能。

（13）语言：用于切换 BIOS 界面显示的语言，提供英文和中文选项。

2. 系统设置

系统设置提供详细的硬件配置选项，如 SATA 模式、虚拟化技术、电源管理等，如图 3.38～图 3.42 所示。

图 3.38　BIOS 系统设置界面一

图 3.38 中各选项参数说明如下：

（1）系统时间：显示和设置当前系统时间（时∶分∶秒）和日期（月/日/年），使用 F5/F6 键调整数值。

（2）系统日期：显示和设置当前系统日期（月/日/年），使用 F6 键增加数值，使用 F5 键减小数值。

（3）无线网卡：设置无线网卡开启或关闭，可选值有打开和关闭，打开为启用无线网卡，关闭则禁用无线网卡。

图 3.39　BIOS 系统设置界面二

图 3.39 中各选项参数说明如下：

（1）SATA 控制器：设置 SATA 控制器的操作模式，推荐模式设置为 AHCI 模式。AHCI（Advanced Host Controller Interface，高级主机控制器接口）是目前 SATA 设备最常用的模式，能提供更好的性能和特性，如热插拔、原生命令队列（NCQ）。

（2）Intel Virtualization 技术：启用或关闭 Intel Virtualization 技术。Intel Virtualization Technology(VT-x)：英特尔虚拟化技术，是一种硬件辅助虚拟化技术。启用后，可以在一个物理机上运行多个虚拟机，用于测试、开发或者运行不同的操作系统。

（3）Intel VT-d 功能：启用或关闭 Intel VT-d 功能。Intel VT-d（Virtualization Technology for Directed I/O）：英特尔定向 I/O 虚拟化技术，可以提高虚拟机的 I/O 性能和安全性，它能让虚拟机直接访问硬件资源，如显卡、网卡等。

（4）Intel 超线程技术：启用或关闭 Intel 超线程技术。Intel Hyper-Threading Technology：英特尔超线程技术，可以使一个物理核心模拟成两个逻辑核心，以提高处理器在多任务处理下的性能。

图 3.40　BIOS 系统设置界面三

图 3.40 中各选项参数说明如下：

（1）回退旧版 BIOS：允许或禁止回退旧版 BIOS，用于允许或禁止用户更新到旧版 BIOS 的功能，这个功能可能用来处理 BIOS 更新后系统的不兼容问题。

（2）键盘功能键切换：设置键盘功能键的行为模式，用于切换键盘功能键的行为模式。当关闭时可以直接按 F1～F12 使用，当开启后需要按 Fn ＋ F1～F12 使用。

（3）Fn 键动作替换：切换 Fn 键行为，用于切换 Fn 键和 Ctrl 键的行为。开启后，当按下 Fn 和某个功能键时，此功能键会被识别成 Ctrl 键功能。

（4）USB 持续供电：启用或禁用 USB 持续供电功能，开启后允许在低功耗状态（如睡眠、休眠或者关机)时，USB 接口继续提供电力，用来给外部设备充电。

图 3.41 中各选项参数说明如下：

（1）电池模式 USB 持续供电：设置在电池供电时是否为 USB 接口供电，用于设置是否允许在关机状态下使用电池为外部设备充电。

（2）临时禁用电池：设置是否临时禁用电池，单击此项会暂时禁用电池，使系统运行于电池移除状态，系统会自动关机。当接通电源后，电池会被自动激活。

（3）系统性能模式：设置系统性能模式，用于选择不同的系统性能模式，以调整系统性能和节能之间的平衡，可选值有以下三个：

图 3.41　BIOS 系统设置界面四

- 智能模式：在不同场景下自动切换性能模式，通常用于平衡性能和节能。
- 野兽模式：提供最高的性能，但可能会导致风扇转速加快，电池消耗增加。
- 节能模式：优先考虑电池寿命，降低风扇转速，适合在不需要高强度运算时使用。

（4）开盖开机：启用或禁用开盖自动开机功能，用于设置在打开笔记本电脑屏幕时，是否自动启动系统，而无需按下电源键。

图 3.42　BIOS 系统设置界面五

图 3.42 中各选项参数说明如下：

（1）BIOS 自恢复：设置是否使用备份 BIOS 进行恢复，用于设置是否在 BIOS 损坏时，使用备份 BIOS 固件进行恢复。

- 打开：启用 BIOS 自恢复功能。如果主 BIOS 固件损坏，系统会自动从备份的 BIOS 固件恢复。
- 关闭：禁用 BIOS 自恢复功能。系统将不再从备份固件自动恢复，如果主 BIOS 损坏,可能无法启动系统。

(2)野兽增强模式:设置是否开启"野兽增强模式",用于进一步提升系统在野兽模式下的性能。开启后会增加表面温度和风扇噪声,并且在某些情况下可能会缩短电池续航时间。注意:使用电池供电且低于 20%电量时将自动禁用此模式。

3. 安全设置

安全设置允许用户设置 BIOS 管理员密码、开机密码,以及配置安全启动等功能,如图3.43~图 3.45 所示。

图 3.43 BIOS 安全设置界面一

图 3.43 中各选项参数说明如下:

(1)管理员密码:设置或修改管理员密码,密码必须至少为一个字符,必须设置管理员密码后才能设置开机密码和用户密码。

(2)硬盘 1 的密码:设置或修改硬盘密码,用于设置或更改硬盘 1(Micron MTFDKBA512TFH)的密码,保护硬盘数据。设置硬盘密码后,启动系统或访问硬盘数据都需要输入该密码。

(3)自然文件保护:用于设置是否开启自然文件保护功能,此功能配合硬盘密码使用,可以防止未经授权访问硬盘数据。

(4)安全擦除硬盘 1 数据:允许安全擦除硬盘 1 的数据。本选项只有对应的硬盘设置了密码的时候才会有效。

图 3.44 中各选项参数说明如下:

(1)Intel Platform Trust 技术:Intel Platform Trust Technology(PTT):英特尔平台信任技术,是一种基于固件的 TPM(可信平台模块)实现方案,可以用于存储加密密钥、证书等,以增强系统安全性。

(2)清除 Intel PTT Key:用于清除 Intel PTT Key,用于清除 Intel PTT 中存储的安全密钥。通常在需要重置 PTT 或者出售设备前使用。

(3)设备卫士:用于启用或禁用设备卫士功能。

(4)I/O 端口读写:设置 I/O 端口读写权限,通常用于限制或允许对 I/O 端口的直接

图 3.44　BIOS 安全设置界面二

访问，涉及硬件级别的安全性，一般用户无须修改。

（5）安全启动：启用或禁用安全启动，安全启动可以防止在启动过程中加载未签名的恶意程序，提高系统安全性。

图 3.45　BIOS 安全设置界面三

图 3.45 中各选项参数说明如下：

（1）重置为设定模式：重置安全启动策略为设定模式，用于关闭安全启动，并进入设定模式，此模式会使系统密钥被删除。

（2）恢复出厂设置：将安全启动设置恢复为出厂设置，用于将所有安全启动数据恢复到出厂默认设置，包括平台密钥（PK）、密钥交换密钥（KEK）和已撤销密钥数据库（db 和 cbx）等，用于重置所有安全启动设置。

4. 启动设置

启动设置用于配置启动顺序和启动模式，如选择从硬盘、USB 设备或网络启动，如图 3.46、图 3.47 所示

图 3.46　BIOS 启动设置界面一

图 3.47　BIOS 启动设置界面二

图 3.46 中各选项参数说明如下：

（1）快速启动：启用或禁用快速启动。开启快速启动可以缩短系统启动时间，BIOS 初始化时只会初始化必要的硬件；关闭快速启动则系统会进行完整的初始化流程。

（2）USB 启动：启用或禁用从 USB 设备启动系统的功能，用于启动 U 盘安装系统。

（3）PXE 启动：启用或禁用 PXE(Preboot Execution Environment，预启动执行环境)功能。PXE 是一种网络启动技术，该选项用于设置是否允许通过网络启动系统，例如通过网络安装操作系统。

（4）IPv4 协议优先：用于设置网络启动时是否优先尝试 IPv4 协议。打开此选项则系统优先尝试 IPVv4 协议；关闭则系统优先尝试 IPv6 协议。

图 3.47 中各选项参数说明如下。

（1）擦除存储设备：用于启动擦除存储设备数据的工具。按 Enter 键系统将启动进入擦除存储设备的应用。擦除数据会删除存储设备上的所有数据，请谨慎操作。擦除硬盘数据前，请确保已经解锁硬盘。

（2）UEFI 启动顺序：显示当前 UEFI 启动顺序。可以使用以下键来调整启动顺序：方向键用于选择一个启动项，F5 用于向下移动选中的启动项，F6 用于向上移动选中的启动项。

5. 退出

退出菜单项用于保存更改、放弃更改或者恢复默认设置，然后退出 BIOS，如图 3.48 所示。

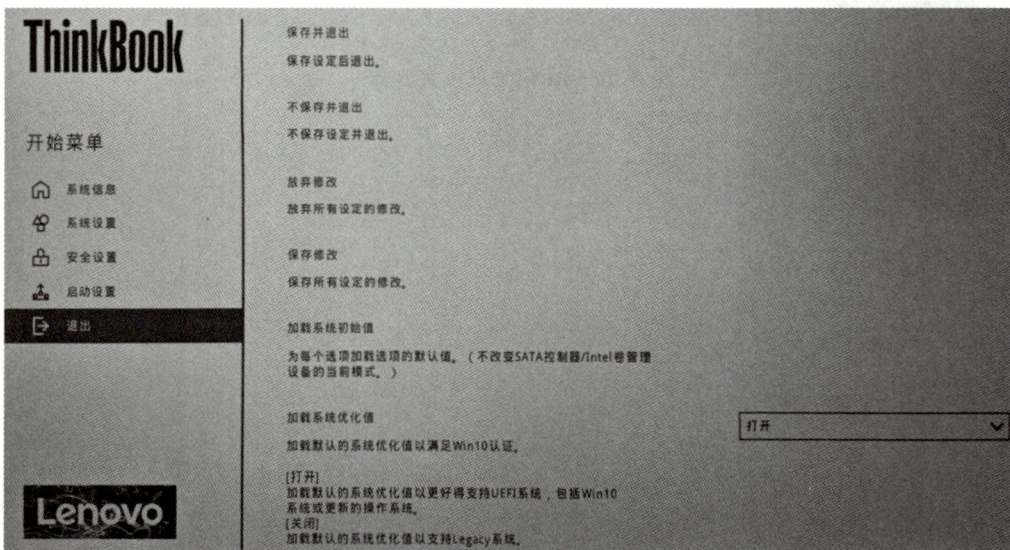

图 3.48   BIOS 退出选项界面

图 3.48 中各选项参数说明如下：

（1）保存并退出：保存在 BIOS 中所做的所有更改，并退出 BIOS 设置实用程序。

（2）不保存并退出：放弃在 BIOS 中所做的所有更改，直接退出 BIOS 设置实用程序。

（3）放弃修改：放弃所有已经设置的修改，回到修改之前的状态。

（4）保存修改：保存所有的修改，但是不退出。

（5）加载系统初始值：将所有 BIOS 设置恢复到出厂默认值。这个操作不改变 SATA

控制器/Intel 卷管理器的当前模式。

（6）加载系统优化值：设置加载系统优化值的方式。可选值为打开和关闭，设为打开时加载默认的系统优化值以更好支持 UEFI 系统，包括 Windows 10 或更新版本的操作系统；设为关闭时加载默认的系统优化值以支持 Legacy 系统。

思　考　题

（1）判断旧计算机的 BIOS 属于哪个版本，如何对 BIOS 进行设置？

（2）UEFI BIOS 与传统 BIOS 有什么区别？

（3）熟悉自己笔记本电脑 UEFI BIOS 的设置。

项目四 启动 U 盘的制作

任务 1 制作工具介绍

启动 U 盘制作工具众多，一般用于系统安装、修复、备份还原、密码重置。可以用光盘、U 盘、移动硬盘甚至手机内存卡等存储设备作为启动盘。启动盘制作经历了三个阶段。

一、早期——DOS 工具箱

相信 2005 年以前很多用户都用过 DOS 工具箱，由于当时存储设备刚刚问世，价格比较昂贵。用于系统维护，尤其是机房管理的启动盘一般是由 3.5 英寸的软盘制作而成的。制作成功的启动软盘读/写速度慢，并且容易损毁，且一张软盘的使用次数较少。

二、中期——老毛桃 PE 工具及量参技术

2005 年以后，计算机病毒发展迅速，因此软盘很容易中毒。USB 接口标准的提高，使读/写速度大幅提升，更重要的是当时芯片制造工艺的高速发展使存储设备价格大幅降低，U 盘走进个人用户家庭，出现了 U 盘量参技术。量参技术可将存储设备的一部分空间用于安装启动盘，并且这部分不容易被病毒感染，其他存储部分可继续作为 U 盘使用。U 盘量参成功后，插到计算机 USB 接口上，打开"我的电脑"，量参部分显示为光盘图标，剩余部分显示为 U 盘图标。但是，量参技术也有一定的风险，如果量参不成功，整个 U 盘将无法读取，只能重新替换。

与此同时，计算机论坛中出现了一个网名叫老毛桃的版主，此版主精通各种操作系统的 PE 启动盘制作技术，并且无私奉献其制作出的软件，他制作的软件包一般用自己的网名命名。使用他的 PE 技术可以方便快捷地制作启动 U 盘，并且制作风险很低，广受计算机维护人员的欢迎。老毛桃在 1999 年只是成立了论坛，现在已有了官方网站。

三、后期——制作工具百家争鸣

目前计算机装机及系统维护几乎不用光驱，各种 U 盘启动工具如雨后春笋般层出不穷，大体可以分类两类。

1. Media Creation Tool

Media Creation Tool 是微软官方提供的安装介质制作工具，允许用户下载 Windows 10 等版本，并创建可引导的 USB 设备或直接升级当前 PC。该工具需要操作系统原版 ISO 格式的安装镜像，相当于把镜像刻到 U 盘中，用 U 盘安装，不带任何第三方软件，系统安装后需要激活。

2. 第三方 U 盘启动制作工具

第三方 U 盘启动制作工具，比较著名的有：
（1）老毛桃启动 U 盘制作工具。
（2）Ventoy 启动 U 盘制作工具。
（3）大白菜启动 U 盘制作工具。
（4）U 深度启动 U 盘制作工具。
（5）雨林木风启动 U 盘制作工具。
（6）Rufus 启动盘制作工具。

第三方 U 盘制作工具界面大同小异，但各有所长，且操作简单易懂，掌握一种制作工具就足够处理一般的系统故障了。

任务 2　制作实战

每种制作工具按照操作系统的不同，可分为针对服务器系统的制作工具和针对用户操作系统的制作工具。每一种系统启动盘中都包含系统维护工具。

一、软件安装

下面以 U 深度启动 U 盘制作工具的版本 v3.0 为例，讲解启动 U 盘的制作方法。

（1）准备一个空的 U 盘，因为用 U 盘模式制作启动盘会清空 U 盘上的数据，所以需要提前转移 U 盘上的资料。然后在 U 深度官网上下载 WIN7 PE 工具箱 v3.0 软件，并安装到系统完好的计算机上，如图 4.1 所示。

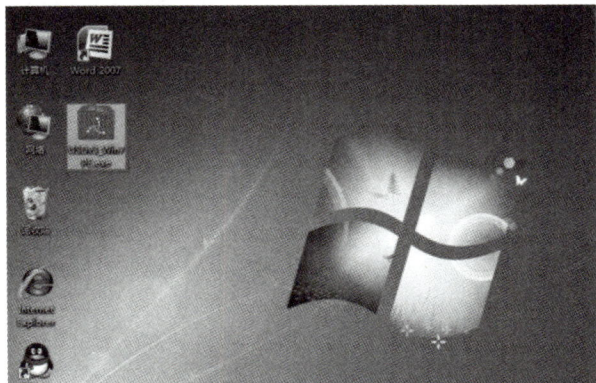

图 4.1　软件下载

（2）双击打开 v3.0 软件，单击"立即安装"按钮，如图 4.2 所示。有经验的用户可以选择图 4.2 右下角的"自定义安装"选项。

图 4.2　软件安装

（3）安装完成后单击"立即体验"按钮即可进入软件界面，如图 4.3 所示。

图 4.3　软件安装完成

二、U 盘模式启动 U 盘的制作方法

（1）打开 U 深度 WIN7 PE 工具箱 v3.0，界面默认显示的已经是 U 盘模式，此时将 U 盘连接到计算机的 USB 接口，等待工具识别完成后，单击"一键制作启动 U 盘"按钮，如图 4.4 所示。

图 4.4　U 盘识别

由图 4.4 可知，软件识别出 U 盘的品牌是 SanDisk，容量是 8 GB。图中显示的容量是 6.95 GB，原因是商家的单位标准为 1 MB ＝ 1000 KB，而计算机识别的单位标准是 1 MB＝1024 KB。

（2）单击"一键制作启动 U 盘"按钮后，软件会弹出警告窗口，确保 U 盘资料已经转移后，可以单击"确定"按钮，如图 4.5 所示。

图 4.5   报警信息

（3）等待启动盘制作，如图 4.6 所示。启动 U 盘制作好后，软件会提示是否进入模拟启动，单击"是"按钮，如图 4.7 所示。

图 4.6   制作界面

图 4.7   制作成功提示界面

（4）进入模拟启动界面，说明启动盘制作完成。切记不要进一步测试，以免出现错误。此时按 Ctrl＋Alt 组合键释放鼠标，然后关闭模拟启动窗口，如图 4.8 所示。

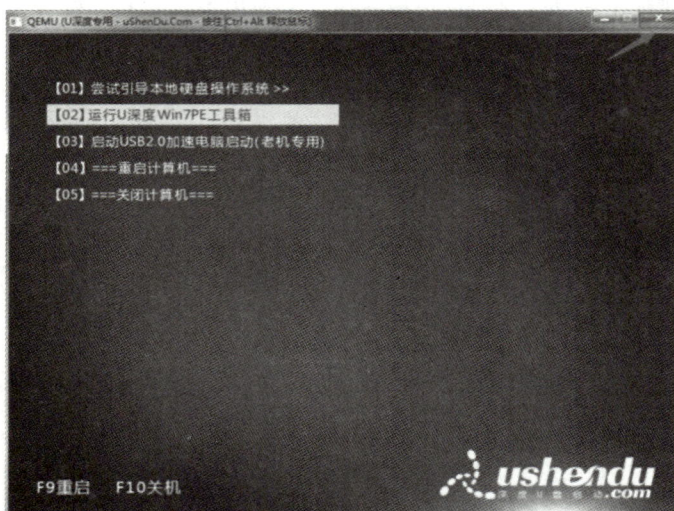

图 4.8　模拟启动

三、本地模式使用方法

（1）打开 U 深度 WIN7 PE 工具箱 v3.0，单击"本地模式"按钮，在本地模式界面中，首先设置安装路径，如图 4.9 所示。

图 4.9　本地模式安装路径设置

（2）重新启动计算机后，显示的启动方式中，"系统菜单"包括 U 深度 WIN7 PE 工具箱 v3.C 的选项；"热键启动"就是启动时需要按热键才能进入；"启动密码"是为了防止他人进入 U 深度 WIN7 PE 工具箱 v3.0，一般不用设置。最后单击"一键安装到 C 盘"按钮，如图 4.10 所示。

图 4.10　本地模式安装

（3）在弹出的信息窗口中单击"确定"按钮即可，如图 4.11 所示。等待制作完成，最后返回主界面就能够看到"卸载本地模式"的按钮，这说明制作成功了，如图 4.12 所示。

图 4.11　安装成功提示信息

图 4.12　本地模式安装成功界面

(4) 制作成功后，重启计算机会出现"U 深度本地模式"启动项选择，确定进入即可在不借助 U 盘的情况下，直接使用 U 深度 WIN7 PE 的功能，如图 4.13 所示。

图 4.13　安装成功后重启计算机界面

以上即为 U 深度 WIN7 PE 工具箱 v3.0 启动 U 盘的制作方法。U 深度 WIN7 PE 工具箱 v3.0 具备应对系统故障所使用的工具，且十分完善，制作成 U 盘启动盘更加方便实用。

四、U 盘模式和本地模式比较

(1) 当计算机系统无法启动、完全崩毁的时候，可采用 U 盘模式维护。

(2) 当计算机系统启动后能进入如图 4.13 所示的界面时，可采用本地模式维护。

这两种模式的功能完全相同，具体情况要视计算机系统损毁的程度而定。本地模式不需要 U 盘，备份、恢复非常方便。

五、多引导 Ventoy 启动 U 盘制作工具

Ventoy 是一个开源的启动 U 盘制作工具，它允许用户在 U 盘上创建一个可启动的、多引导的操作系统安装环境。启动 U 盘制作好后，可以一次性拷贝很多个不同系统的 ISO 文件到 U 盘，从 U 盘启动时 Ventoy 会显示一个菜单，选择要加载的镜像。下面介绍在 Windows 10 上制作 Ventoy 启动 U 盘，建议制作 U 盘的容量大于 8 GB。

(1) 在官网下载 Ventoy，选择文件名末尾为 windows.zip 的文件下载，下载地址为 https：//www.ventoy.net/cn/downloadold.html。

(2) 解压下载的文件，运行 Ventoy2Disk.exe，如图 4.14 所示，在设备下方选择要制作的 U 盘。

(3) 单击"安装"后，会提示 U 盘会被格式化，数据会丢失，如果有重要数据建议先备份到其他位置，然后选择"是"，如图 4.15 所示。

(4) 开始制作启动 U 盘，当出现如图 4.16 所示的界面后，说明 Ventoy 启动 U 盘制作成功，单击"确定"，将要安装的一个或多个系统 ISO 文件拷贝到 U 盘。

图 4.14　配置选项界面

图 4.15　格式化磁盘

图 4.16　安装成功

（5）在要安装系统的计算机上选择 U 盘启动，在 Ventoy 启动菜单界面选择要安装的系统版本，如图 4.17 所示，后续按照提示进行系统安装。

图 4.17　Ventoy 启动菜单界面

六、微软官方 Media Creation Tool 安装盘制作

Media Creation Tool 是微软官方提供的安装介质制作工具，允许用户下载 Windows 10 等版本，并创建可引导的 USB 设备或直接升级当前 PC，Windows 10 官方下载地址为 https://www.microsoft.com/zh-cn/software-download/windows10。下载完成后双击运行程序，创建系统介质，完成后插上 U 盘，计算机开机选择 U 盘启动就可以开始安装系统了。具体步骤如下：

（1）双击运行下载的 MediaCreationTool_22H2.exe 文件，选择接受许可协议，如图 4.18 所示。

图 4.18　声明与许可条款界面

（2）根据需要选择执行的操作，如果只是升级当前计算机的版本，就选第一个。如果需要重装系统，则选择第二个——为另一台电脑创建安装介质，这里推荐使用 U 盘，如图 4.19 所示。

图 4.19　选择执行的操作

（3）选择语言、版本和体系结构，这个默认会根据计算机当前系统的版本自动选择，当然，也可以根据自己的需要进行选择，如图 4.20 所示。

图 4.20　选择语言与版本

（4）选择要使用的介质，这里推荐使用 U 盘，至少 8 GB，注意这一步会清空 U 盘中的数据,如果 U 盘中有重要数据先进行备份,如图 4.21 所示。

图 4.21 选择介质

(5)选择需要制作启动盘的 U 盘,这一步会列出所有识别的 U 盘,选择后单击"下一步"按钮,如图 4.22 所示。

图 4.22 选择 U 盘

（6）开始下载 Windows 10，如图 4.23 所示。

图 4.23　下载系统

（7）创建 Windows 10 介质，耐心等待，中途不要弹出 U 盘，如图 4.24 所示。

图 4.24　创建介质

（8）当提示"你的 U 盘已准备就绪"，这时 Windows 10 介质就创建完成，如图 4.25 所示，单击"完成"后，在此计算机打开 U 盘，文件如图 4.26 所示。

图 4.25　U 盘启动盘制作完成

图 4.26　U 盘启动盘文件

（9）在需要安装系统的计算机上，选择 U 盘启动，如图 4.27 所示。后续按照提示进行系统安装。

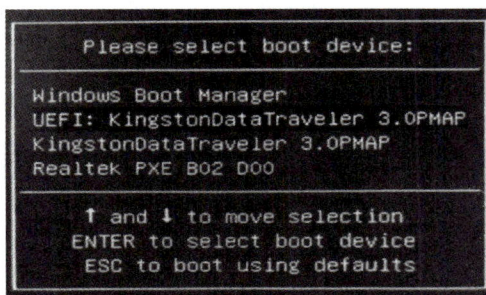

图 4.27　U 盘引导界面

思 考 题

（1）主流的启动 U 盘制作工具有哪些？

（2）哪些设备可以用来制作启动 U 盘？

（3）怎样用"电脑店"软件制作启动 U 盘？

项目五　硬盘分区与格式化

一、硬盘分区的必要性

现在的硬盘容量比较大，若作为一个硬盘来使用，会造成硬盘空间的浪费，而且所有的数据都在一个盘中，给文件的管理也带来了较大的不便。因此，需要把一个大的硬盘分成几个逻辑硬盘。以下情况需要对硬盘进行分区：

(1) 新硬盘，需要先分区，然后进行高级格式化。

(2) 硬盘中增加新的操作系统。

(3) 对已有分区不满意，根据自己的需要和习惯改变分区的数量和每个分区的容量。

(4) 因某种原因(如病毒)或误操作使硬盘分区信息被破坏时，需要重新分区。

二、Windows 的三种文件系统

文件系统是操作系统用于明确磁盘或分区上的文件的方法和数据结构，是在磁盘上组织文件的方法；也指用于存储文件的磁盘或分区，或文件系统种类。文件系统对应的是硬盘的分区，而不是整个硬盘，不管硬盘是几个分区(一个或多个分区)，不同的分区都可以有不同的文件系统。举个通俗的比喻，一块硬盘就像一块空地，文件就像不同的材料，我们首先得在空地上建起仓库(分区)，并且指定好(格式化)仓库对材料的管理规范(文件系统)，这样才能将材料运进仓库保管。目前，Windows 的三种文件系统分别是 FAT16、FAT32、NTFS(早期有 FAT)，其中 NTFS 最常用。

FAT16 是 MS-DOS 和最早期的 Windows? 95 操作系统中使用的磁盘分区格式，它采用 16 位的文件分配表，只支持 2 GB 的硬盘分区，即一个分区不能超过 2 GB。

FAT32 采用 32 位的文件分配表，突破了 2 GB 的硬盘分区的限制，对磁盘的管理能力大大增强，Windows? 95 以后的操作系统都支持这种分区格式。

NTFS 的优点是安全性和稳定性非常好，在使用中不易产生文件碎片。同时，NTFS 能对用户的操作进行记录，通过对用户权限进行非常严格的限制，使每个用户只能按照系统赋予的权限进行操作，这充分保护了系统与数据的安全。

三种文件系统的优劣如表 5.1 所示。

表 5.1　NTFS、FAT32、FAT16 文件系统比较

NTFS 文件系统	FAT32 文件系统	FAT16 文件系统
支持单个分区大于 2 GB	支持单个分区大于 2 GB	支持单个分区小于 2 GB
支持磁盘配额	不支持磁盘配额	不支持磁盘配额
支持文件压缩(系统)	不支持文件压缩(系统)	不支持文件压缩(系统)
支持 EFS 文件加密系统	不支持 EFS	不支持 EFS
产生的磁盘碎片较少	产生的磁盘碎片适中	产生的磁盘碎片较多
适合于大磁盘分区	适合于中小磁盘分区	适合于小于 2 GB 的磁盘分区
支持 Windows NT	支持 Windows 9x,不支持 Windows NT4.0	不支持 Windows 2000,支持 Windows NT、Windows 9x

NTFS 目前最常用，且相对于 FAT32 和 FAT16 有以下优点：

(1) 支持文件加密，这也是 NTFS 的最大优点；

(2) 支持大硬盘，且硬盘分配单元非常小，从而减少了磁盘碎片的产生。NTFS 更适合现今的硬件配置(大硬盘)和操作系统(Windows XP、Windows 7、Windows 8、Windows 10)。

(3) NTFS 文件系统相比 FAT32 文件系统具有更好的安全性，表现在不同用户对不同文件或文件夹设置的访问权限上。

(4) CIH 病毒在 NTFS 文件系统下无法传播。

三、MBR 与 GPT 分区表

当启动计算机时，会先启动主板自带的 BIOS/UEFI 系统，BIOS 加载 MBR/GPT，MBR/GPT 再启动 Windows，这就是计算机启动分区引导过程。

1. 两种分区表的概念

MBR(Master Boot Record)和 GPT(GUID Partition Table)是在磁盘上存储分区信息的两种不同的方式。这些分区信息包含了分区从哪里开始的信息，这样操作系统才知道哪个扇区是属于哪个分区的，以及哪个分区是可以启动的。在磁盘上创建分区时，必须在 MBR 和 GPT 之间做出选择。

MBR 的意思是"主引导记录"，最早于 1983 年在 IBM PC DOS 2.0 中提出。之所以称其为"主引导记录"，是因为 MBR 是存在于驱动器开始部分的一个特殊的启动扇区，这个扇区包含了已安装的操作系统的启动加载器和驱动器的逻辑分区信息。所谓启动加载器，是一小段代码，用于加载驱动器上其他分区上更大的加载器。如果安装了 Windows，Windows 启动加载器的初始信息就放在这个区域里，如果 MBR 的信息被覆盖导致 Windows 不能启动，就需要使用 Windows 的 MBR 修复功能来使其恢复正常；如果安装了 Linux，则位于 MBR 里的通常会是 GRUB(GRand Unified Bootloader，大一统引导程序)加载器。MBR 支持最大 2 TB 的磁盘，它无法处理大于 2 TB 容量的磁盘；MBR 还只支持最多四个主分区，如果想要更多分区，则需要创建所谓的"扩展分区"，并在其中创建逻辑分区。MBR 已经成为磁盘分区和启动的工业标准。

GPT 的意思是 GUID 分区表(GUID 为全局唯一标识符)，这是一个正逐渐取代 MBR 的新标准。它和 UEFI 相辅相成，UEFI 用于取代老旧的 BIOS，而 GPT 则用于取代老旧的 MBR。之所以称 GPT 为"GUID 分区表"，是因为驱动器上的每个分区都有一个全局唯一的标识符(Globally Unique Identifier，GUID)，这是一个随机生成的字符串，可以保证为全球的每一个 GPT 分区都分配完全唯一的标识符。这个标准没有 MBR 的那些限制，磁盘驱动器容量可以大得多，大到操作系统和文件系统都无法支持。它同时还支持几乎无限个分区数量，限制只在于操作系统，Windows 支持最多 128 个 GPT 分区，而且还不需要创建扩展分区。

在 MBR 磁盘上，分区和启动信息是保存在一起的，若这部分数据被覆盖或破坏，则系统无法启动；而 GPT 在整个磁盘上保存多个这部分信息的副本，因此它更为健壮，并可以恢复被破坏的这部分信息。GPT 为这些信息保存了循环冗余校验码(CRC)以保证其完整和正确，如果数据被破坏，GPT 会发现并从磁盘上的其他地方进行恢复，而 MBR 则对这些问题无能为力，只有在问题出现后，使用者才会发现计算机无法启动，或者磁盘分区已经不翼而飞了。

2. 两种分区表的比较

GPT 的驱动器会包含一个"保护性 MBR"。这种 MBR 会认为 GPT 驱动器有一个占据了整个磁盘的分区，如果使用 MBR 磁盘工具对 GPT 磁盘进行管理，只会看见一个占据整个磁盘的分区。这种保护性 MBR 保证 MBR 磁盘工具不会把 GPT 磁盘当作没有分区的空磁盘，从而避免用 MBR 覆盖掉本来存在的 GPT 信息。

在基于 UEFI 的计算机系统上，所有 64 位版本的 Windows 10、Windows 8.1、Windows 8、Windows 7 和 Vista，以及其对应的服务器版本，都只能从 GPT 分区启动；所有版本的 Windows 10、Windows 8.1、Windows 8、Windows 7 和 Vista 都可以读取和使用 GPT 分区。其他新式操作系统也同样支持 GPT，Linux 内建了 GPT 支持；苹果公司基于 Intel 芯片的 MAC 计算机也不再使用自家的 APT(Apple Partition Table)，转而使用 GPT。操作系统支持 GPT 分区表如表 5.2 所示。

表 5.2　操作系统支持 GPT 分区表

操作系统	数据盘	系统盘
Windows XP 32 位	不支持 GPT 分区	不支持 GPT 分区
Windows XP 64 位	支持 GPT 分区	不支持 GPT 分区
Windows Vista 32 位	支持 GPT 分区	不支持 GPT 分区
Windows Vista 64 位	支持 GPT 分区	GPT 分区需要 UEFI BIOS
Windows 7 32 位	支持 GPT 分区	不支持 GPT 分区
Windows 7 64 位	支持 GPT 分区	GPT 分区需要 UEFI BIOS
Windows 8 64 位	支持 GPT 分区	GPT 分区需要 UEFI BIOS
Windows10 64 位	支持 GPT 分区	GPT 分区需要 UEFI BIOS
Linux	支持 GPT 分区	GPT 分区需要 UEFI BIOS

表 5.2 可以归纳为如下三点：

（1）除去 Windows XP 32 位系统，其他 Windows 版本都能做到数据盘兼容 GPT 分区。

（2）所有的 32 位 Windows 版本，系统盘都不能兼容 GPT 分区。

（3）从 Windows Vista 64 位开始的系统，系统盘都能兼容 GPT 分区，当然前提是用户的计算机必须支持 UEFI 模式。

MBR 最多支持四个主分区，GPT 则没有限制，即一台计算机若希望运行多个系统，MBR 最多四个，而 GPT 没有限制；MBR 最多支持 2 TB 的硬盘容量，而 GPT 理论上是无限制的，但如果系统盘超过 2 TB，则只能选择 GPT＋UEFI，2 TB 以下 GPT 都支持；苹果用户只支持 GPT。

任务 2　分区及格式化实战

一、工具比较

一般把硬盘分成主分区和扩展分区，然后再把扩展分区分成几个逻辑分区。通常主分区就是常说的 C 盘，而 D、E、F、G 等是扩展分区中的几个逻辑分区。

分区步骤如下：

第一步，从"硬盘"菜单中选择要分区的硬盘（如果计算机中装有多个硬盘）；

第二步，建立主分区；

第三步，建立扩展分区；

第四步，建立逻辑 DOS 分区。

目前系统越来越大，对单个机械硬盘一般建议 C 盘分 120 GB 左右，其他盘符按照个人喜好分，但不宜分太多分区；对固态硬盘和机械硬盘，建议固态硬盘安装操作系统，机械硬盘做数据存储，这样配置计算机的运行速度会比较快。

常见的分区方法有 Windows 自带分区工具，PQ、DM、Disk Genius 等第三方工具，DOS 下命令分区以及低级格式化。

1. Windows 自带分区工具

新计算机有时刚开始只有一个分区，而若想将它分成更多的小分区方便文件分类管理，或者重装系统后想重新分区，又或者对现有的分区不满意，这时就需要对计算机磁盘进行重新分区。如果有专业的第三方分区工具，可以直接使用分区工具进行专业的分区；如果没有专业的分区工具或不方便下载，就可以考虑使用 Windows 自带的磁盘管理工具进行简单的分区。虽然该工具的功能不是很强大，但进行基本的分区还是可以的。

2. PQ、DM、Disk Genius 等第三方工具

大白菜、老毛桃、U 启动、电脑店、U 深度、雨林木风等第三方 PE 系统，都集成了 PQ、DM、Disk Genius 等分区工具，目前最常用的是 Disk Genius，使用该工具进行分区的

详细步骤可参见后面的实例。

3. DOS 下命令分区

DOS 下命令分区在第三方工具出来前常使用，但其操作及分区格式化耗时长，且需要严格按照步骤操作，因此目前不常使用。在 DOS 下命令分区需要考虑顺序。创建分区时，先创建主分区，再创建扩展分区，最后创建逻辑分区；删除分区时，先删除逻辑分区，再删除扩展分区，最后删除主分区。

4. 低级格式化

低级格式化的主要目的是划分磁柱面（磁道）、建立扇区数和选择扇区的间隔比，即为每个扇区标注地址和扇区头标志，并以硬盘能识别的方式进行数据编码。若经常对硬盘进行低级格式化，将会减少硬盘的使用寿命。少数品牌硬盘在商标上明确标出禁止低级格式化，否则将永久损坏硬盘。允许低级格式化的硬盘一旦进行了低级格式化，将永久丢失硬盘上原有的信息，无法挽救。现在制造的硬盘在出厂时均做过低级格式化，用户一般不必重做。除非所用硬盘坏道较多或染上无法清除的病毒，不得不做一次低级格式化。

二、实战

下面以 500 GB 硬盘、大白菜 PE 下 Disk Genius 分区工具为例，详细讲解分区过程。

第一步：将制作好的大白菜 U 盘启动盘插入 USB 接口（台式机用户建议将 U 盘插在主机机箱后置的 USB 接口上），然后重启计算机，出现开机画面时，通过使用启动快捷键引导 U 盘启动进入到大白菜主菜单界面，并选择"【02】大白菜 WIN8 PE 标准版（新机器）"选项后按 Enter 键确认，如图 5.1 所示。

图 5.1　大白菜 PE 界面

第二步：登录到大白菜装机版 PE 系统桌面，单击打开桌面上的分区工具，如图 5.2 所示。

图 5.2　Disk Genius 工具

第三步：在打开的分区工具窗口中，选中需要进行分区的硬盘（多个硬盘的用户需要特别注意，如果选错硬盘，分区格式化后数据会丢失），如图 5.3 所示。

图 5.3　选择需要分区的硬盘

第四步：在打开的分区工具窗口中，选中硬盘并分区后，选择菜单栏"删除分区"，如图 5.4、图 5.5 所示。如果是对新硬盘进行分区，则忽略该步骤。

第五步：按第四步删除所有逻辑分区，会看到已删除逻辑分区是空闲状态，且横柱上方为绿色，表示该整体为扩展分区，如图 5.6 所示。

第六步：按照同样的方法，扩展分区删除后，横柱上方为灰色，如图 5.7 所示。

第七步：按照同样的方法，删除主分区，主分区磁盘空间自动合并。删除主分区后与新硬盘第一次进入 PE 下的识别一样，如图 5.8 所示。

图 5.4　选择删除已有分区

图 5.5　分区删除确认

图 5.6　删除逻辑分区

图 5.7　删除扩展分区

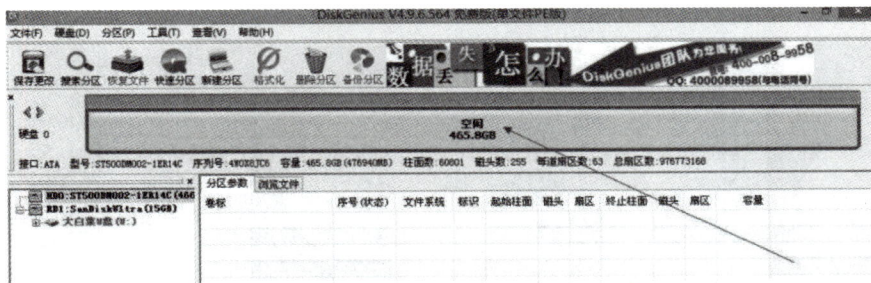

图 5.8　500 GB 未分区硬盘

第八步：建立分区，选择菜单栏"新建分区"，如图 5.9 所示。

第九步：建立主分区，选择"主磁盘分区"单选按钮，文件系统类型为"NTFS"。主分区即 C 盘，大小一般为 120 GB，在选中"对齐到下列扇区数的整数倍"复选框的同时，在其下拉列表框中选择"4096 扇区（2 097 152 字节）"，即 4 KB 对齐，如图 5.10 所示。

图 5.9　新建分区

图 5.10　建立主分区

第十步：建立扩展分区，选择"扩展磁盘分区"单选按钮，文件系统类型为"NTFS"。扩展分区即该硬盘 C 盘以外所有盘之和（D、E、F…），大小为默认剩余空间，在选中"对齐到下列扇区数的整数倍"复选框的同时，在其下拉列表框中选择"4096 扇区(2 097 152 字节)"，即 4 KB 对齐，如图 5.11 所示。

第十一步：建立第一个逻辑分区，选择"逻辑分区"单选按钮，文件系统类型为"NTFS"。逻辑分区即扩展分区中(D、E、F…)希望建立的盘及其空间大小，大小按照个人喜好填入，但不宜太多。该盘扩展分区为 346 GB，若希望第一个逻辑分区(D 盘)为 200 GB，在选中"对齐到下列扇区数的整数倍"复选框的同时，在其下拉列表框中选择"4096 扇区(2 097 152 字节)"，即 4 KB 对齐，如图 5.12 所示。

图 5.11　建立扩展分区

图 5.12　建立第一个逻辑分区

第十二步：建立最后一个逻辑分区，选择"逻辑分区"单选按钮，文件系统类型为"NTFS"，大小为默认值，在选中"对齐到下列扇区数的整数倍"复选框的同时，在其下拉列表框中选择"4096 扇区(2 097 152 字节)"，即 4 KB 对齐，如图 5.13 所示。

图 5.13　建立最后一个逻辑分区

　　第十三步：前面删除分区及新建分区的操作都还没有被执行，单击菜单栏"保存更改"按钮，前面的操作会被执行，同时会对该硬盘分区的每个盘符进行格式化操作，如图 5.14 所示。

图 5.14　分区格式化执行

思　考　题

　　（1）什么情况下需要对硬盘重新分区？

　　（2）Windows 的三种文件系统是什么？各有什么优缺点？

　　（3）比较 MBR 和 GPT 分区表。

　　（4）谈谈你熟悉的分区工具。

项目六 操作系统的安装与维护

任务1 常用操作系统介绍

操作系统是管理计算机硬件与软件资源的计算机程序。操作系统需要处理如管理与配置内存、决定系统资源供需的优先次序、控制输入设备与输出设备、操作网络与管理文件系统等基本事务。操作系统也提供一个让用户与系统交互的操作界面。

一、Windows 操作系统

1. 什么是 Windows 操作系统

Windows 操作系统是由微软公司开发的一款被广泛使用的操作系统。它主要用于个人电脑(PC)、笔记本电脑和平板电脑。Windows 操作系统于 1985 年推出,最初为图形用户界面(GUI)层,旨在提供比 MS-DOS 更友好的操作体验。

2. Windows 操作系统的发展历史

Windows 操作系统的发展历史如下:

(1) Windows 1.0(1985 年):首次推出的图形用户界面,但功能有限。

(2) Windows 2.0(1987 年):支持重叠窗口,改进了界面设计,增强了多任务处理能力。

(3) Windows 3.0(1990 年):增强了多任务处理能力,改进了图形驱动和组件,增强了系统的整体图形性能。

(4) Windows 3.1(1992 年):引入了 TrueType 字体和增强的多媒体支持,进一步得到普及。

(5) Windows 95(1995 年):引入了开始菜单、重大改进的用户界面,支持即插即用硬件。

(6) Windows 98(1998 年):加强了 USB 支持与互联网功能,改进了用户体验。

(7) Windows XP(2001 年):具有全新的用户界面和更好的安全性,深受用户喜爱。

(8) Windows 7(2009 年):具有更加灵活的界面和更高的性能。

(9) Windows 8(2012 年):进行了界面革命,优化了触摸设备,但传统用户反响不佳。

(10) Windows 8.1(2013 年):改进了 Windows 8 的部分问题,增加了开始按钮,改善

了多任务功能。

（11）Windows 10（2015 年）：结合了 Windows 7 和 Windows 8，实施"Windows 即服务"模式，定期进行更新。

（12）Windows 11（2021 年）：采用新的现代化界面，改进了窗口管理，支持 Android 应用，进一步优化了用户体验。

3. 主要特点

Windows 操作系统以其用户友好的图形界面和多任务处理能力而著称，提供直观的任务栏和开始菜单，方便快速访问应用程序和文件。它广泛兼容硬件，拥有丰富的软件生态系统，用户可轻松获取各类应用。Windows 具备强大的安全性功能，如内置 Windows Defender 和定期自动更新，同时支持网络共享和远程桌面功能。此外，系统恢复和技术支持功能确保了其可靠性和稳定性，使其成为个人用户和企业的首选操作系统。

4. Windows 操作系统的版本

Windows 操作系统的版本主要分为以下几种：

（1）家庭版（Home）：专为普通家庭用户设计，提供全面的功能，如数字助理、媒体播放器和家庭组功能，内置 Windows Defender 以提供基本安全防护。

（2）专业版（Pro）：面向中小企业，除了家庭版的功能外，还增加了 BitLocker 磁盘加密、远程桌面连接和组策略管理，提升了数据安全性和管理能力。

（3）企业版（Enterprise）：针对大型企业，包含专业版所有功能，并增加了 Windows Defender Advanced Threat Protection、虚拟化支持和移动设备管理，帮助用户更好地保护数据和管理设备。

5. 使用场景

Windows 操作系统被广泛应用于家庭、办公室、教育和开发等多个领域。对于家庭用户，它提供直观的界面，方便日常娱乐和文件管理；在办公室中，其结合 Microsoft Office 等工具，提升了文档处理和协作效率；在教育领域，可利用 Windows 进行教学和在线学习，其提供了丰富的资源；在开发领域，其因强大的开发环境和硬件兼容性备受软件和游戏开发者青睐。这些场景展示了 Windows 操作系统的多功能性和灵活性，可满足不同用户的需求。

二、macOS 操作系统

1. 什么是 macOS 操作系统

macOS（之前称为 Mac OS X）是由苹果公司为其 Mac 系列计算机开发的操作系统，旨在提供一个直观、稳定且安全的用户体验。它基于 UNIX 系统，结合了强大的图形用户界面（GUI）和丰富的应用生态，特别受到创意工作者、开发者和高端用户的欢迎。

2. macOS 操作系统的发展历史

macOS 操作系统的发展历史悠久。以下是其主要版本的概述和发展里程碑。

（1）Mac OS 1.0（1984 年）：随着原始 Macintosh 计算机一起发布，具有简单的图形用户界面和基础功能。

（2）System 7(1991 年)：引入了多任务处理、虚拟内存和复杂的文件管理系统。

（3）Mac OS X(2001 年)：是全新的现代化操作系统，结合了 UNIX 的强大稳定性与 Mac 经典的用户体验。此版本标志着 macOS 的重大转型。

（4）Mac OS X 10.5 Leopard(2007 年)：引入了 Time Machine 自动备份、Spaces 多桌面等功能。

（5）Mac OS X Yosemite(2014 年)：改进了用户界面，引入了更加现代化的设计，并推出了 Continuity 功能，可以无缝连接 iOS 设备。

（6）macOS Big Sur(2020 年)：增强了对 Apple Silicon 的支持，提升了整体性能和安全性。

（7）macOS Ventura(2022 年)：引入了改进的多任务操作和更强的隐私保护功能。

3. macOS 操作系统的主要特点

macOS 操作系统的主要特点如下：

（1）用户友好的界面。macOS 操作系统采用简洁、美观、直观的设计，提升了操作的可用性。

（2）安全性。macOS 操作系统内置多层安全机制，如 Gatekeeper、XProtect 和 FileVault，有效保护用户数据。

（3）集成的 Apple 生态系统。macOS 操作系统深度支持 Apple 设备，通过 Handoff、AirDrop 和 iCloud 实现无缝协作。

（4）多任务处理。macOS 操作系统提供 Mission Control 功能，方便用户查看打开的窗口，支持多个桌面和分屏功能。

（5）先进的应用程序支持。macOS 操作系统得到包含本地应用（如 Safari、Mail 和 Photos 等）和强大的第三方应用支持（如 Adobe Creative Cloud 和 Microsoft Office 等）。

4. 使用场景

macOS 操作系统因其出色的图形处理能力和优秀的用户界面，被广泛应用于创意行业和专业领域，深受设计师、摄影师和视频编辑等创意工作者的喜爱，配合高效工具如 Final Cut Pro 和 Adobe Creative Suite 等，提供流畅的工作体验。同时，macOS 操作系统的稳定性和安全性使其成为高要求专业环境工作者的首选。在日常使用中，家庭用户和学生也青睐 macOS 操作系统，其直观操作和强大的多媒体功能支持文档处理、网络浏览和娱乐，通过 iCloud 实现跨设备同步，增强了工作和学习的无缝体验。

三、Linux 操作系统

1. 什么是 Linux 操作系统

Linux，一般指 GNU/Linux(单独的 Linux 内核并不可直接使用，一般搭配 GNU 套件，故得此称呼)，是一种自由和开放源码的类 UNIX 操作系统，其内核由林纳斯·本纳第克特·托瓦兹(Linus Benedict Torvalds)于 1991 年 10 月 5 日首次发布，它主要受到 Minix 和 UNIX 思想的启发，是一个基于 POSIX(可移植操作系统接口)的多用户、多任务、支持多线程和多 CPU 的操作系统。

2. Linux 操作系统的发展历史

Linux 操作系统的发展历史如下：

（1）1991 年，Linus Benedict Torvalds 发布了第一版的 Linux 内核（0.01）。初期 Linux 只是一个个人项目，但很快吸引了许多开发者参与贡献。

（2）1992 年发布了版号 0.95 的 Linux，开始支持多种文件系统，并且获取了 GNU 项目的支持，使用了 GNU 软件构建更完整的操作系统。

（3）1994 年，Linux 1.0 发布，标志着 Linux 开放源代码项目进入成熟期，广泛采用了多个硬件平台。

（4）1996 年，Linux 2.0 发布，引入了对多处理器的支持和改进的网络功能。

（5）2003 年，Linux 2.6 发布，增加了广泛的驱动程序支持和改进的文件系统功能，用户体验显著提升。

（6）2010 年，Linux 3.0 发布，专注于内核的性能和可用性改进，继续加强对硬件的支持。

目前，Linux 内核不断更新，已经发展到 6.x 版本，继续扩展在服务器、台式机、手机（如 Android）及嵌入式设备上的应用。

3. Linux 操作系统的主要特点

Linux 作为开源操作系统，任何人都可以免费下载、使用和修改，促进了社区合作与创新。它具有高稳定性和安全性，被广泛应用于服务器领域，能长时间稳定运行；支持多用户和多任务操作，每个用户均在独立环境中运行程序而不互相干扰。同时，Linux 提供了灵活可定制的发行版，用户可根据需求调整系统。此外，强大的命令行工具和脚本功能使高级用户能够高效管理系统并自动化运行常见任务。

4. 主要的 Linux 发行版

Linux 生态系统有多个发行版（Distros），每个发行版都有各自的特征和适用场景。以下是一些主流的 Linux 发行版。

（1）Ubuntu：以用户友好和易于安装而闻名，适合桌面用户和新手，被广泛用于个人电脑和服务器。

（2）Fedora：由红帽公司支持，适合开发者和技术爱好者，提供最新的软件包和技术。

（3）Debian：以稳定性而著称的发行版，被广泛用于服务器。众多其他发行版（如 Ubuntu）都是基于 Debian 的。

（4）CentOS：基于红帽企业版（RHEL），主要用于服务器，提供免费且稳定的企业级解决方案。

（5）Arch Linux：强调简洁和用户自定义，适合高级用户和开发者，支持滚动更新。

（6）Linux Mint：基于 Ubuntu，为新用户提供更传统的用户界面和体验。

5. 使用场景

Linux 在服务器领域得到广泛应用，是许多企业和网站的首选操作系统，因为其具有高稳定性和安全性，支持网络服务、数据库管理和云计算环境。其开源性质使开发人员在软件开发和测试中选择 Linux，尤其是在开源项目和 Web 开发中。此外，Linux 因其灵活性和可定制性还被广泛应用于路由器、智能家居设备、工业自动化和物联网等嵌入式系统。

同时，许多科研和教育机构也将 Linux 作为工作站操作系统，利用其强大的计算能力和开源软件支持进行数据分析和教学。

四、国产操作系统

1. 国产操作系统介绍

国产操作系统是指由中国本土企业或研发机构自主开发的操作系统，旨在满足国家信息安全和技术自主可控的需求。这类操作系统通常在设计、开发和维护过程中未依赖于外部技术，强调安全性、可靠性和适应性。

2. 发展背景

国产操作系统的发展背景为信息安全威胁加剧和为减少对外技术的依赖。频繁的网络攻击和数据泄露事件促使国家在关键领域加强信息安全，同时，国际局势紧张提升了对传统国外操作系统风险的认识，推动了自主研发的发展，政府出台政策支持自主创新和关键技术研发。云计算和人工智能等新兴技术的发展，进一步增加了对国产操作系统的需求，企业和用户更倾向于选择自主可控的系统。

3. 发展历程

(1) 20 世纪 80 年代：探索阶段。

中国的操作系统研发始于 20 世纪 80 年代，最初主要模仿和改进流行的 UNIX 系统，早期的国产操作系统应用范围有限。20 世纪 80 年代中期，一些高校和科研机构开始关注操作系统自主研发，积累了基础技术。

(2) 20 世纪 90 年代：起步阶段。

1994 年，中国科学院软件研究所发布了"中标麒麟"操作系统，标志着国产操作系统的重要突破，并在部分政府机关开始使用。随后，随着 Linux 开放源代码的推广，国产操作系统逐渐转向 Linux 发行版，形成了一定的产业基础。

(3) 21 世纪 00 年代：快速发展阶段。

政府和军工领域广泛采用国产操作系统，基于 Linux 的系统逐渐涌现。2001 年，红旗 Linux 作为早期国产 Linux 发行版开始推广，国家政策也鼓励使用国产软件。这推动了国产操作系统的普及。同时，开源社区的参与加速了国产操作系统的开发。

(4) 21 世纪 10 年代：成熟阶段。

多种国产操作系统如 Kylin、Deepin 和 UOS 相继推出，满足不同用户需求，并向桌面和服务器领域扩展。高校与企业的合作推动了技术进步，2013 年 Ubuntu Kylin 的推出标志着国内外技术的融合。

(5) 21 世纪 20 年代：生态建设与推广阶段。

随着《国家信息化发展战略纲要》的发布，国产操作系统的研发和推广被提升至战略层面，获得更高的政策支持。国产操作系统进入云计算、人工智能等新兴领域，形成了综合性产业链和生态圈，增强了应用软件的支持和适配能力。

4. 主要的国产操作系统

(1) Kylin(麒麟)，由中国科学院软件研究所开发，基于 Linux，主要用于政府、军事和企事业单位，具有强兼容性、高安全性和自主可控的软硬件环境。

（2）Deepin(深度)，由武汉深度科技有限公司开发，面向个人和企业用户，提供清新简洁的用户界面，注重用户体验，集成常用软件，支持多种语言。

（3）UOS(统信操作系统)，由中国软件开发有限公司与多家企业联合研发，旨在构建安全可控的桌面和服务器操作系统，具备良好的兼容性和稳定性。

（4）银河麒麟，是中国电子科技集团公司(CETC)旗下的北京天融信科技有限公司研发的一款国产操作系统。它基于 Linux 内核，旨在为政府、军事、科研、金融等关键行业提供安全、可靠的操作平台，具有高安全性、兼容性、可扩展性、易用性、国产化设计等特点。

（5）红旗 Linux，是早期的国产操作系统，面向个人和政府用户，界面友好，支持多种硬件平台，并集合多种办公软件和开发工具。

5. 国产操作系统的特点

国产操作系统具有众多显著特点，包括自主可控、安全性高、兼容性强和多样化。它们由中国本土企业和机构自主研发，确保在关键领域的技术独立和对国际局势变化的应对能力。同时，这些操作系统通常注重数据安全和隐私保护，以满足国家安全需求。此外，国产操作系统在设计上兼容主流应用和软件，逐步形成满足多种用户需求的方案，如桌面、服务器和嵌入式系统等，推动了信息技术的广泛应用。

6. 应用场景

国产操作系统被广泛应用于政府、金融、教育、科研和企业等领域，提供了高信息安全保障，满足合规要求，在教育和科研中，能助力数据分析与技术研发。随着云计算和人工智能的发展，国产操作系统也在智能制造、物联网和智慧城市等新兴领域得到了应用，推动了信息技术的自主可控。

7. 未来发展

国产操作系统的未来发展前景广阔，预计将得到持续的政策支持，持续自主创新和技术进步，同时加强与云计算、大数据和人工智能等新兴技术的融合，以提升市场适应性和竞争能力。此外，国产操作系统将更加注重用户体验，构建完善的产业生态系统，吸引更多企业和开发者参与，共同推动技术的研发与应用。未来，国产操作系统还可能向国际市场拓展，增强在全球信息技术领域的影响力，在自主可控和安全性方面发挥更大作用。

任务 2　安装与配置操作系统

一、安装 Windows 操作系统

1. 安装 Windows 10 操作系统

建议安装操作系统前，备份好自己的资料，因为安装时会删除 C 盘的资料。如安装时选重新分区，请备份好所有硬盘分区里的资料，因为重新分区会删除所有硬盘的资料。

首先使用微软官方工具制作 U 盘启动盘(详见项目四启动 U 盘的制作)。

接着更改 BIOS 设置。在计算机开机时，按下相应的键(通常是 F2、F10、Del、Esc 等，具体参考主板说明书)进入 BIOS 设置，找到启动选项(Boot Options)，将 USB 驱动器设置为首选启动设备。然后，保存更改并退出 BIOS。之后便可安装 Windows 操作系统了。

开始安装 Windows 10。Windows 10 操作系统安装步骤如下所述。

(1) 将准备好的 U 盘插入计算机，并重启计算机。当系统从 U 盘启动时，会出现 Windows 安装界面，如图 6.1 所示。选择语言种类、时间格式及键盘和输入方法，一般默认即可。设置完单击"下一步"，即出现安装界面，如图 6.2 所示。

图 6.1　语言选择

图 6.2　安装界面

(2) 在安装界面中，单击"现在安装"按钮，接下来提示输入激活密钥，选择"我没有产品密钥"即可，如图 6.3 所示。

(3) 选择需要安装的 Windows 版本，选择好后单击"下一步"，如图 6.4 所示。进入许可条款界面，勾选"我接受许可条款"，如图 6.5 所示。

图 6.3　激活 Windows

图 6.4　选择 Windows 版本

图 6.5　许可条款同意

(4)勾选后单击"下一步"按钮,进入安装类型选择界面,因为在此不是升级,所以选择"自定义:仅安装 Windows(高级)(C)"选项,如图 6.6 所示。

图 6.6　安装类型选择

(5)选择安装类型后,出现安装位置选择界面,选择"驱动器 0 未分配的空间",然后单击"新建",为系统盘分配 20 GB(建议 100 GB)用来存放系统文件,输入磁盘大小后,确认无误并单击"应用"按钮,如图 6.7～图 6.9 所示。

图 6.7　选择驱动器

(6)系统盘大小分配完成后,选择"主分区",再单击"格式化",在弹出的对话框中单击"确定"按钮开始格式化,如图 6.10、图 6.11 所示。

(7)格式化完成后,单击"下一步"按钮,开始安装系统如图 6.12 所示。系统安装完成后自动重启即可。

(8)经过一次重启后,界面就会出现选择区域界面,默认选择"中国",单击"是",如图 6.13 所示。

图 6.8　新建分区

图 6.9　分配系统盘大小

图 6.10　选中主分区

图 6.11　确定格式化

图 6.12　系统安装

图 6.13　选择区域

接下来选择键盘布局，默认选择即可，单击"是"，进入下一步，如图 6.14 所示。

图 6.14　选择键盘布局

（9）输入微软账号，或者在添加账户界面单击左下角的"脱机账户"按钮，这里使用脱机账户，如图 6.15 所示。

图 6.15　添加账户

在接下来的界面需要单击选择"有限的体验"才可以继续，否则还是需要使用微软账号登录，如图 6.16 所示。单击"下一步"按钮。

（10）创建计算机的登录用户名和密码，如图 6.17 所示。

（11）创建用户名、密码后，进入附加功能的选择界面，按自己需求选择，这里全选"否"，如图 6.18 所示。附加功能选择后，稍等片刻就进入 Windows 10 桌面，安装到此完成，如图 6.19 所示。

图 6.16　选择服务

图 6.17　创建用户名、密码

图 6.18　附加功能选择

图 6.19　Windows 10 桌面

2. 安装 Windows 11 操作系统

　　Windows 11 原版、ISO 版操作系统安装方法与 Windows 10 原版、ISO 版安装方法相同，只是镜像不同。下面介绍用优启通 U 盘启动工具安装原版 Windows 11 操作系统的方法。

　　首先，使用优启通制作工具制作好启动 U 盘，然后准备一个原版 Windows 11 系统镜像文件，并存入制作好的启动 U 盘，之后按照下面步骤安装 Windows 11 操作系统。

　　（1）把存有原版 Windows 11 系统镜像文件的启动 U 盘插在计算机 USB 接口上，然后重启计算机，在出现开机画面时用快捷键启动进入优启通主菜单界面，选择合适的分辨率按回车键确认选择，如图 6.20 所示。

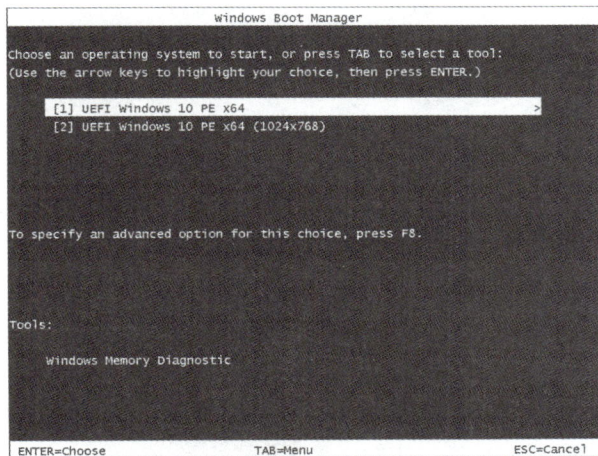

图 6.20　选择分辨率

（2）进入优启通 PE 系统后，双击"EIX 系统安装"打开装机工具，工具打开后会自动检索 U 盘中的镜像文件，如图 6.21 所示。

图 6.21　检索镜像文件

（3）检索成功后，选择 Windows 11 版本，建议选择专业版。系统一般安装在第一个硬盘的第一个分区，这里单击选择 C 盘为系统安装盘，再单击"一键恢复"按钮，如图 6.22 所示。

图 6.22　选择镜像、目标分区

（4）在弹出的"确认执行"对话框中，采用默认选项即可，单击"确认"按钮，如图 6.23 所示。

（5）确认执行后，装机工具会将系统镜像文件释放到前面选择的磁盘分区中，一般需要几分钟，耐心等待直到释放结束，如图 6.24 所示。

（6）释放结束后，软件会弹出一个是否重新启动计算机的提示对话框，单击"确定"按钮，确认重启计算机，如图 6.25 所示。

图 6.23　确认执行

图 6.24　镜像文件释放

图 6.25　重启计算机

（7）重启计算机后，拔出启动 U 盘，等待 Windows 11 系统安装文件加载后，自动显示选择地区界面，默认为"中国"，单击"是"进入下一页，如图 6.26 所示。

（8）在弹出的界面中选择微软拼音或者微软五笔，单击"是"进入下一页，如图 6.27 所示。

（9）输入姓名之后，单击"下一页"，如图 6.28 所示。按需求设置输入密码，这里选择不输入，表示没有密码，单击"下一页"，如图 6.29 所示。

（10）直接跳转到隐私设置页面，各功能建议按需勾选，这里建议全部取消勾选，然后单击"接受"，如图 6.30 所示。

图 6.26　选择地区

图 6.27　选择输入法

图 6.28　输入姓名

图 6.29　输入密码

图 6.30　隐私设置

接下来等待最后的配置，需要 3～5 min，如图 6.31 所示。

图 6.31　等待系统配置

(11) 计算机配置好后,进入系统,单击"下一步"同意个人数据跨境传输,如图 6.32 所示。

图 6.32　个人数据跨境传输

此时进入桌面,Windows11 就已经安装成功,如图 6.33 所示。

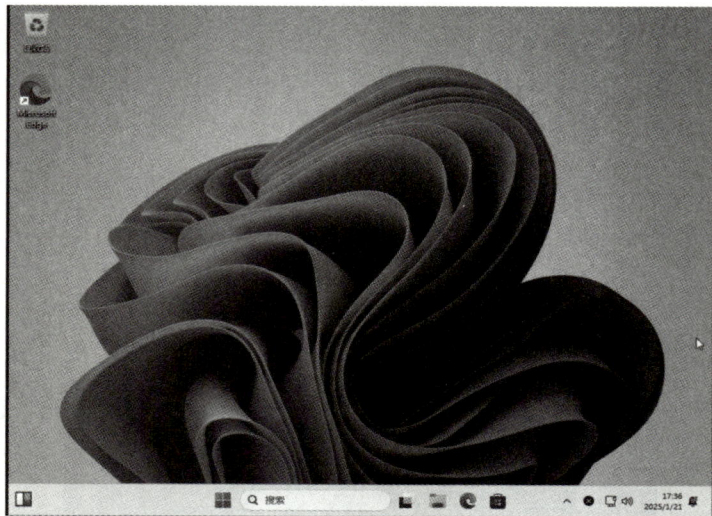

图 6.33　成功进入桌面

二、安装 macOS 操作系统

首先,下载 macOS 镜像文件,再使用 UltraISO 软碟通工具将下载好的 macOS 镜像写入 U 盘。制作好启动 U 盘后,按照下面步骤安装 macOS 操作系统。

（1）将 U 盘插入 mac 计算机的 USB 接口，按开机键后长按 option 键直到进入系统界面。选择"简体中文"，单击右下角"右箭头"，如图 6.34 所示。

图 6.34　系统界面

（2）单击"磁盘工具"，再单击"继续"，如图 6.35 所示。

图 6.35　功能选择磁盘工具

在弹出的"磁盘工具"界面，单击左边中间的外置磁盘，单击右上角"抹掉"，如图 6.36 所示。弹出要抹掉磁盘的提示窗口，输入一个名称，格式和方案选择默认，单击"抹掉"按钮，如图 6.37 所示。等待抹除完成后单击"完成"，随后单击左上角红色"×"关掉软件，如图 6.38 所示。

图 6.36　选择磁盘

图 6.37　清空数据

(a)　　　　　　　　　　　　　　　　(b)

图 6.38　抹除磁盘

（3）返回功能选择窗口，依次单击"安装 macOS Ventura""继续""继续"，如图 6.39
所示。

(a)　　　　　　　　　　　　　　　(b)

图 6.39　进入安装 macOS Ventura 界面

（4）在软件许可协议界面，单击"同意"按钮，如图 6.40 所示。

图 6.40　同意协议

依次单击"继续""继续"，选择系统安装在前面抹掉数据的"aa"磁盘上，如图 6.41 所示。然后等待安装，大概需要 20 分钟，如图 6.42 所示。

（5）系统安装完成后进入部署界面，滑动右边滚动条到最下面，选择"中国大陆"，单击"继续"，如图 6.43 所示。接着在语言与输入法页面单击"继续"即可，如图 6.44 所示。

图 6.41　选择安装磁盘

图 6.42　等待安装

图 6.43　地区选择

图 6.44　输入法选择

（6）在辅助功能页面单击"以后"，如图 6.45 所示。

图 6.45　辅助功能

在数据与隐私页面单击"继续"，如图 6.46 所示。

在迁移助理页面单击左下角"以后"，如图 6.47 所示。

在条款与条件页面单击"同意"，如图 6.48 所示。

（7）在创建计算机账户页面，设置全名和账户名称，然后设置好密码和提示（必须设置），单击"继续"，如图 6.49 所示。

图 6.46　数据与隐私

图 6.47　迁移助理

在启用定位服务页面，按需求是否打开定位服务，这里选择不打开，单击"继续"进入下一页，如图 6.50 所示。

在选择时区页面，选择一个中国大陆城市的位置，单击"继续"，如图 6.51 所示。

在是否与 Apple 共享 Mac 分析页面，选择不分享，然后单击"继续"，如图 6.52 所示。

在屏幕使用时间页面，选择"稍后设置"，如图 6.53 所示。

（8）在外观选取页面，按照需求单击选择一个外观主题，然后单击"继续"，如图 6.54 所示。然后成功进入桌面，到此系统安装成功，如图 6.55 所示。

图 6.48　条款与条件

图 6.49　创建账户

图 6.50　定位服务

图 6.51　选择时区

图 6.52　分析选项选择

图 6.53　屏幕使用时间

图 6.54　主题选择

图 6.55　macOS 系统桌面

三、安装 Linux 操作系统

这里以 CentOS 7.9 版本为例进行安装。首先，进入阿里云开源镜像站，选择下载 CentOS-7-x86_64-Minimal-2009 版本，具体网址为 http://mirros.aliyun.com/centos/7/isos/x86_64/。

然后启动虚拟机软件 VMware，创建一个新的虚拟机，并按照提示选择操作系统、命名虚拟机、设置磁盘大小和默认内存，如图 6.56 所示。

(a) 默认配置

(b) 稍后安装操作系统

(c) 操作系统选择

(d) 命名虚拟机

(e) 磁盘设置

(f) 配置预览

图 6.56　创建新的虚拟机

创建虚拟机后,单击图 6.57 中的"编辑虚拟机设置"。弹出"虚拟机设置"界面,如图 6.58 所示,选择"硬件"卡中的"CD/DVD(IDE)"光驱,再在右边的"连接"框中选择"使用 ISO 映像文件",单击"浏览"按钮,找到刚下载的 CentOS-7-x86_64-Minimal-2009 光盘映像文件。

图 6.57 打开虚拟机设置

图 6.58 选择 ISO 映像文件

接着选择"网络适配器",在右侧的"网络连接"框中"选择 NAT 模式",单击"确定"按钮,如图 6.59 所示。返回主界面,单击"开启此虚拟机",如图 6.60 所示。

系统会自动从光盘引导开始安装程序,安装系统步骤如下所述。

(1) 如图 6.61 所示,进入虚拟机中,按键盘向上的箭头,选择第一项,然后按 Enter 键开始安装。

图 6.59 网络适配器设置

图 6.60 开启虚拟机

图 6.61 进入 CentOS 系统安装界面

（2）进入语言选择界面，依次选择"中文"→"简体中文（中国）"，单击"继续"按钮，如图6.62所示。

图 6.62　语言选择

（3）在弹出的"安装信息摘要"界面，单击"软件选择（S）"，选择需要安装的软件包，这里选择"最小安装"来安装基本系统组件，如图6.63所示。如果需要用户图形界面，可选择"带 GUI 的服务器"，但占更多磁盘空间。

图 6.63　软件选择

（4）在"安装信息摘要"界面，单击"安装位置"，如图6.64所示。进入"安装目标位置"界面后可以看到系统的虚拟磁盘 sda，大小是 20 GB，对其可以自动配置分区，也可以手动配置分区，建议初学者选择"自动配置分区"，如图6.65所示。

（5）在"安装信息摘要"界面，单击"网络和主机名"，如图6.66所示。进入网络和主机名设置界面，这里选择打开网络，系统会自动配置好网络的 IP、掩码等各项参数，如图6.67所示。注意这里新建的虚拟机使用的是 NAT（Network Address Translation，网络地址转换）模式，在这种模式下，虚拟机可以和物理机进行正常联网，如果物理机能够连接网络，那么虚拟机也可以连接网络。

图 6.64　选择安装位置

图 6.65　虚拟磁盘分区设置

图 6.66　网络和主机名

图 6.67　网络和主机名设置

网络设置完成后，在图 6.68 中可以看到有线已经连接的提示信息。

图 6.68　网络设置成功

（6）单击"开始安装"按钮后，进入安装过程，此时可进行用户设置如图 6.69 所示。单击"ROOT 密码"，给 root 用户设置密码，如图 6.70 所示。

（7）设置完密码后单击"完成"，返回用户设置页面，如图 6.71 所示。单击"创建用户"，以设置普通用户账号，如图 6.72 所示。

（8）安装完成后单击"重启"，重启后输入账号、密码，成功登录，如图 6.73 所示。

图 6.69　用户设置页面

图 6.70　设置 root 用户密码

图 6.71　用户设置页面

图 6.72　创建普通用户

图 6.73　登录界面

四、安装国产操作系统

目前国产操作系统品牌较多，下面以麒麟操作系统（Kylin）安装为例。

1. 安装准备

安装麒麟操作系统前，需准备安装光盘，检查硬件兼容性，提前备份重要数据，并对硬盘进行合理分区规划以适配系统安装需求。

2. 安装引导

将安装光盘放入光驱中,重启计算机。根据固件启动的提醒操作进入固件管理界面。若使用的是内置光驱,"第一启动选项"选择"光驱";若使用的是 USB 或者 USB 外置光驱;"第一启动选项"选择"USB"。

3. 系统安装

(1)选择"安装银河麒麟操作系统",则会进入如图 6.74 所示界面。上下键选择"安装银河麒麟操作系统"。

图 6.74 安装银河麒麟操作系统

(2)直接进入安装引导界面,选择系统语言,单击"下一步",如图 6.75 所示。

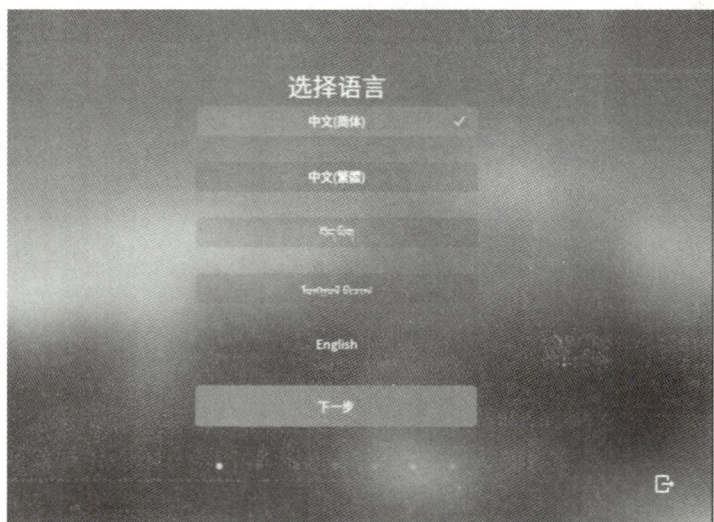

图 6.75 语言选择

（3）阅读并勾选同意许可协议，单击"下一步"，如图 6.76 所示。

图 6.76　阅读许可协议

（4）选择系统时区。在地图中点选城市切换时区，单击"下一步"，如图 6.77 所示。

图 6.77　选择时区

（5）安装途径有两种：从 Ghost 安装和从 Live 安装，这里选择从 Live 安装即从光盘安装系统，单击"下一步"，如图 6.78 所示。

（6）全盘安装。

① 在安装方式界面选择"全盘安装"选项，勾选安装的目标盘符，单击"下一步"，如图 6.79 所示。

② 确认安装盘符后，系统在该磁盘中自动分区并显示分区结果，选中"格式化整个磁盘"，然后单击"下一步"，如图 6.80 所示。

图 6.78　安装途径选择

图 6.79　全盘安装

图 6.80　确认全盘安装

③ 进入"创建用户"界面，输入用户名，系统自动填充推荐的主机名（可进行修改），设置登录密码并再次输入确认密码，勾选登录系统时输入密码，单击"下一步"，如图 6.81 所示。之后系统开始自动安装，如图 6.82 所示。

图 6.81　创建用户

图 6.82　系统安装中

④ 系统安装完成后，单击"现在重启"按钮，系统重新启动。重启过程中系统会自动弹出光盘。取回光盘后，等待系统进入登录界面，输入密码后即可进入系统，如图 6.83 所示。

图 6.83　安装完成

（7）自定义安装。

① 选择使用自定义安装可以自行设计各硬盘分区大小。在图 6.79 所示安装方式界面选择"自定义安装"，则出现硬盘分区界面，单击"创建分区表"，弹出提示窗口，选择"＋"即可创建硬盘分区，如图 6.84 所示。

图 6.84　创建新分区表提示

② 首先创建 boot 分区，/boot 必须是主分区中的第一个分区；继续创建根分区(/)、backup、tmp 分区，如图 6.85 所示。在创建分区时，"新分区的类型"选择"主分区"，"新分区的位置"默认为"空间起始位置"，"用于"选择"ext4"。

若是中途需要改变已创建的分区，具体方式如下：

- 添加分区：选中空闲分区所在行，单击"＋"按钮。
- 编辑分区：选中空闲分区，单击"更改"按钮。
- 删除分区：选中已创建的分区，单击"-"按钮。

分区完成后，单击"下一步"，如图 6.86 所示。

图 6.85　创建其他分区

图 6.86　自定义分区

③ 查看自定义安装的盘符分配结果，勾选"确认以上操作"，单击"下一步"，如图 6.87 所示。

图 6.87　确认并格式化分区

后续步骤与全盘安装一致，等待系统安装完成后重启计算机即可，如图 6.88 所示。

图 6.88　进入桌面

思　考　题

(1) 操作系统是一种什么软件？

(2) Windows 操作系统有几个经典的版本，分别有什么特征？

(3) 国产操作系统有哪些？

(4) 试装一台全新的 Windows 11 操作系统。

项目七 计算机软硬件优化与维护

任务 1 计算机硬件的维护与故障判断

一、计算机硬件的日常维护

1. 使用环境对硬件的影响

为计算机创造一个良好、合理的使用环境，既可以保障计算机硬件系统稳定、可靠地运行，又有助于延长计算机硬件系统的寿命。计算机硬件的使用环境涉及的因素较多，主要包括环境温度、环境湿度、环境洁净度、电源供应的稳定性和外围震动等。

1）环境温度对硬件的影响

环境温度过高或过低，都可能是导致计算机故障，甚至是部件损坏的原因之一。计算机硬件在工作状态下均会产生热量，CPU 和独立显卡发热量相对较大。当环境温度较高，热量无法散发，超过了计算机硬件对工作温度要求的上限时，一方面会加速部件的老化，缩短其使用寿命；另一方面会造成计算机硬件工作效率降低，工作不稳定，甚至损坏部件。CPU 和独立显卡通过温度传感器检测到工作温度超过上限后，会启动自身的保护机制，降低工作频率，减少发热量。如果工作温度居高不下，有些部件特别是电子部件，会因热不稳定产生一些数据错误，极容易造成计算机系统随机性死机，影响计算机系统正常工作。如果高温环境长期持续下去，部分计算机部件会因高温造成不可逆的损坏。环境温度过低也会对计算机硬件的正常工作造成不良影响。

计算机硬件除了电子部件外，还有一些部件主要是由机械结构组成，如硬盘和光驱。硬盘的工作过程，简单来说，就是在磁头臂上的磁头通过音圈马达的转动在高速旋转的磁盘上存取数据的过程，如图 7.1 所示。

硬盘内包括两种马达：一种是主轴马达，硬盘磁盘的高速转动就是靠它来实现的；另一种是音圈马达，磁头臂的移动幅度很小，但是对位移的精度要求很高，音圈马达可以实现这种要求。如果环境温度低于硬盘工作温度的下限，有可能造成主轴马达的转速达不到正常工作时的额定转速，或者音圈马达工作不灵活，位移精度降低。这都会造成无法正确读取磁盘上的数据，使系统无法正常启动。在气温特别低的时候启动计算机，有可能开始几次都不能正常启动，但是让计算机通电一段时间后，计算机自身的发热使温度升高到硬盘正常工作的温度范围内,计算机即可正常工作。

图 7.1　机械硬盘内部结构

2) 环境湿度对硬件的影响

同环境温度对计算机硬件的影响类似,环境湿度过高或者过低也会对硬件运行时的稳定性、可靠性和使用寿命产生不利影响,甚至造成部件损坏。一般来说,当环境湿度高于60%时,通常认为空气是相对潮湿的;当环境湿度低于 40%时,通常认为空气是相对干燥的。当相对湿度高于 65%时,会在部件表面附着很薄的一层水膜,容易造成部件外露的引脚、插头或者接线间漏电,情况严重时甚至可能会产生电弧现象。当水膜中含有杂质且附着右引脚、插头或者接线处的表面时,会造成这些表面发霉或者产生腐蚀现象。在高湿度的环境下,打印纸会吸潮膨胀,纸张之间产生粘连,从而影响打印机的正常工作。当相对湿度低于 20%时,空气十分干燥,在这种情况下极易产生高压静电。如果不小心诱发了静电的放电现象,轻者会造成系统工作不稳定,重者则会击穿芯片损坏部件或设备。

3) 环境洁净度对硬件的影响

洁净度指空气中含尘(包括微生物)量的程度。空气中或多或少都含有灰尘,灰尘对计算机硬件的影响很大,而且在灰尘和环境湿度的共同作用下,会放大对计算机硬件的危害。一方面,含有灰尘的潮湿空气会腐蚀外露的金属表面;另一方面,干燥的空气本身就会聚集静电,静电又有吸附灰尘的作用,当吸附的灰尘达到一定程度时,又会促进静电放电现象,造成恶性循环,进一步损坏硬件。所以灰尘被称为硬件的天敌(如图 7.2所示)。

图 7.2　机箱内聚集的灰尘

4) 电源供应的稳定性对硬件的影响

由于计算机使用的是直流电,而市电电网提供的是交流电,中间所涉及的电流及电压的转换过程都要靠计算机电源来承担,其重要性不言而喻。质量过硬的电源在市电电压不稳定时,能为计算机提供稳定的直流输出。可能有些用户有过这样的经历:在大城市上班使用计算机时,由于市电电压相对稳定,因此计算机电源不用承受由于电压波动过大带来的负担;当出差到一些小城市甚至是农村时,由于这些地方的电网电压不够稳定,好的电源此时就承担了稳定电压高低变化的重任，使电压电流平稳输出，以避免计算机硬件受到损伤。特别在下雨天打雷多的南方地区，品质不好的电源会给计算机带来致命的伤害。

5）外围震动对硬件的影响

震动对计算机的正常工作也是有影响的。计算机硬件系统是由不同的部件组装在一起的，插座、插头、接线连接的接口本身就是可插拔的，虽然有固定措施，但遇到较大震动后依然会产生松动，久而久之使部件间接触不良，影响计算机系统的正常工作和稳定运行。另外，机械硬盘也是对震动十分敏感的部件。虽然机械硬盘在设计之初就考虑到了震动对自身的影响，采用了抗震技术，工作状态能达到 300 G 抗震，非工作状态接近 1000 G 抗震，但是，无论采用何种抗震技术，对长时间高频率的震动都是无能为力的。当硬盘磁头撞上高速旋转的磁盘时，会产生划痕造成坏道，撞击产生的碎屑也会在硬盘内乱飞，造成更多的碰撞坏道，这对硬盘来说是致命的损伤。

2. 良好的保养措施

1）稳定的温度

无论计算机处于工作或是休眠状态，都应给计算机硬件提供一个相对稳定的温度范围。当环境温度高于 30℃时，应当开启空调降温；当环境温度低于 10℃时，应采取适当的保温措施。

2）合适的湿度

控制好空气湿度。保持空气湿度在 50％左右，可以抑制静电的产生和灰尘的吸附。

3）环境卫生

保持环境卫生，时常对机箱内部除尘。

4）质量过硬的电源

除了装配质量较好的电源外，如果有条件可以在市电和电源间安装 UPS（不间断电源）。

5）稳固的位置

将计算机安放在稳固的地方，避免其受到撞击。

二、硬件故障判断及解决方法

1. 故障判断方法

首先，思考清楚做什么、怎么做、从何处入手，再实际动手；或者是先观察后分析判断，再进行维修。其次，将所观察到的现象与查阅的相关资料有机结合，分析有无相应的技术要求、使用特点等，结合资料综合分析得出结论。最后，在分析判断的过程中，要根据自身已有的知识、经验来进行判断，对于自己不太了解或根本不了解的知识，一定要向经验丰富的人员或专业人士寻求帮助。

1）直接观察法

用手摸、眼看、鼻闻、耳听等方法作辅助检查。对于一般部件，发热的正常温度（指部件外壳的温度）用手指摸上去会有一点热度。大的部件摸上去会有明显的热度，但不烫手。

如果手指触摸部件烫手，可能是机器内部有短路或是散热功能减退所造成的，应替换该部件或是更换散热装置。对于电路板，要仔细查看是否有断线、虚焊或者残留焊锡、杂物等。对发焦或者开裂的元件应该立即更换。一般情况下，芯片烧坏时会发出一种臭味，此时应马上关机检查，不应再加电使用。耳听即听计算机有无异常声音，特别是有机械转动的部件更应该仔细聆听，如硬盘、光驱、风扇等。如果听到与正常声音不同，则应立即检修。例如硬盘加电启动后有比较响的连续的"咔嗒"声，则说明硬盘有故障。当系统在开机出现非致命错误时，计算机自检程序会通过喇叭发出不同的警示音，有助于用户找到问题所在部位。很多时候故障就是由相关部件引起的，所以也要多注意检查相关部件。不同类型的BIOS有不同的警示音。

2）插拔法

硬件系统产生故障的原因很多，主板自身故障、I/O总线故障、各种插接部件故障均可导致系统运行异常。采用插拔维修法是确定故障位于主板或 I/O 设备的便捷方法。关机后将插接部件逐一拔出，每拔出一块部件后开机观察硬件系统的运行状态。一旦拔出某块部件后系统运行正常了，就可判定该部件故障或相应 I/O 总线插槽及负载电路故障；如果拔出所有插接部件后系统启动仍不正常，则故障很可能在主板上。一些芯片、部件与插槽接触不良，将这些芯片、部件拔出后再重新正确插入也可以解决因不当安装而引起的软故障，如内存条故障。

3）替换法

替换法也是排除故障最常用的方法之一。在不能使用插拔法查找故障时，可以采用替换法来排查。此方法是用工作正常的部件替换可疑的部件，若故障消失，则说明原部件损坏。替换法的优点是方便可靠，尤其是针对高度集成的部件；缺点是一般用户很难有备用件，只有维修部门经常采用此方法。

4）敲击法

系统运行状态时好时坏的原因可能包括虚焊、接触不良、金属氧化电阻增大等。对于这种情况可以用敲击法进行检查。例如，若部件引脚焊接有误，有时能接触上，有时接触不上，造成系统运行状态时好时坏，通过敲击部件后，使之彻底接触不良，便于检查排除。

5）最小系统法

最小系统是指从维修判断的角度能使计算机开机或运行的最基本的硬件环境。最小系统由电源、主板和 CPU 组成。在最小系统中，没有任何插接部件和外部设备，只有电源与主板的连接电线。在检查过程中可通过计算机喇叭发出的声音来判断这一核心组成部分是否正常工作。如果能正常工作，则继续安装其他插接部件，如显卡等，直到安装某个部件后系统不能正常工作，说明刚安装的部件损坏，应进行深度检查。

6）清洁法

对于使用环境较差或使用较长时间的计算机，应首先进行清洁。可用毛刷轻轻刷去主板、插接部件和外设上的灰尘。如果灰尘已清扫干净，可进行下一步的检查。另外，由于主板上一些插接部件或芯片采用插槽的方式连接，震动、灰尘等其他原因常会造成引脚氧化、接触不良。可用橡皮擦去除表面的氧化层，如用专业的清洁剂效果更好。清洁完成后，重新插接好部件，开机检查故障是否排除。

2. 常见故障及解决方法

1）主板报警音判断故障

当硬件系统发生故障时，计算机喇叭会发出 BIOS 的错误提示声音，如果熟悉这些声音的缘由，那么在排除计算机故障时就会非常方便，能够在最短的时间判断问题所在，从而及时解决问题。

目前市场上主要的 BIOS 有 Award BIOS 和 AMI BIOS。

（1）Award BIOS 响铃声的一般含义。

① 1 短：系统正常启动。这是日常开机都能听到的声音，表明机器没有任何问题。

② 2 短：常规错误。需进入 CMOS Setup，重新设置排除不正确的选项。

③ 1 长 1 短：RAM 或主板出错。可更换内存条，若还是无法解决，需更换主板。

④ 1 长 2 短：显示器或显卡错误。

⑤ 1 长 3 短：键盘控制器错误。需检查主板。

⑥ 1 长 9 短：主板 Flash RAM 或 EPROM 错误，BIOS 损坏。可尝试更换 Flash RAM。

⑦ 不断地响（长声）：内存条未插紧或损坏。重插内存条，若还是无法解决，需更换内存条。

⑧ 不停地响：电源、显示器未与显卡连接好。需检查所有的插头。

⑨ 重复短响：电源问题。

⑩ 无声音、无显示：电源问题。

（2）AMI BIOS 响铃声的一般含义。

① 1 短：内存刷新失败。内存损坏较严重，须更换内存条。

② 2 短：内存奇偶校验错误。可以进入 CMOS 设置，将内存奇偶校验选项关闭，即设置为 Disabled。不过一般来说，内存条有奇偶校验并且在 CMOS 设置中打开奇偶校验，这对计算机系统的稳定性是有好处的。

③ 3 短：系统基本内存（第 1 个 64 KB 内存）检查失败。需更换内存。

④ 4 短：系统时钟出错。需维修或更换主板。

⑤ 5 短：CPU 错误。除检查 CPU 外，还应排查 CPU 插座或其他部位的问题，如果此CPU 在其他主板上正常工作，则故障肯定在主板上。

（3）具体情况分析。

① "嘀嘀……"连续的短音。

一般情况下常见于主机的电源故障。当电源输出电压偏低时，主机并不报警，但是会出现硬盘丢失、光驱的读盘性能差、经常死机的情况。当出现这些情况时，最好检查各路电压的输出是否偏低。当 +5 V 和 +12 V 低于 10% 时，就会不定期地出现上述问题。用户经常会将这些故障误以为是主板或硬盘的问题。输出电压偏低是由于输出部分的滤波电容失容或漏液造成的，直流成分降低时，电源中的高频交流成分加大，会干扰主板的正常工作，造成系统不稳定，容易出现死机或蓝屏现象。在 Intel 和技嘉的某类主板上，如果系统出现"嘀嘀……"连续短鸣声，并不代表电源故障，而是内存故障报警，这一点需要注意。

② "嘀嘟嘀嘟"的救护车鸣笛声，伴随着开机长响不停。

这是 CPU 过热的系统报警声。对主机内部除尘、打扫 CPU 散热器或是更换新的 CPU

风扇后安装不到位,CPU散热器与CPU接触不牢,有一定的空间或其间夹有杂物,都会导致CPU发出的热量无法正常散出,一旦开机,CPU温度会高达80~90℃。

③"嘀……嘀……"的连续有间隔的长音。

这是内存报警的声音。一般的故障原因包括内存松动、内存的金手指与内存插槽接触不良、内存的金手指氧化、内存的某个芯片损坏等。

④"嘀……,嘀嘀"一长两短的连续鸣叫。

这是显卡报警音。一般是由于显卡松动、显卡损坏,或者主板的显卡供电部分有故障造成的。

⑤"嘟嘟"两声长音后没有动静,稍后会听到"咯吱咯吱"的读软驱的声音。

如果有图像显示会提示系统将从软驱启动,正在读取软盘。如果软驱中没有软盘,则会提示没有系统无法启动,系统会被挂起。

⑥在Windows系统下按"Caps Lock""Num Lock"和"Scroll Lock"这三个键时,主机的喇叭有"嘀"的类似按键音。例如三帝的PV40ML,这种情况是主板的一种提示功能,提示用户改变了键盘的输入状态,不是故障。

⑦短促"嘀"的一声。

一般情况下,这是主板自检通过,系统正常启动的提示音。不过,有的主板自检通过时,没有任何提示音。还要注意,有的主板自检的时间可能较长,等5~6 s后才会听到"嘀"的一声,需要耐心等候。

2) BIOS提示信息判断故障

(1) CMOS battery failed(CMOS电池失效):说明主板上保存CMOS信息的电池已经没有电了,需要更换新电池。电池一般为型号CR2032的纽扣电池。

(2) Keyboard error or no keyboard present(键盘错误或未接键盘):检查键盘的接头、连线是否插牢或损坏。

(3) Hard disk install failure(硬盘安装失败):检查硬盘的电源线或数据线是否连接良好。

(4) Hard disk(s) diagnosis fail(执行硬盘诊断时发生错误):极有可能是硬盘本身出现故障,可以把硬盘装在另一台计算机上进一步检测。

(5) Memory test fail(内存检测失败):出现这种问题一般是混用了不同规格的内存,内存条互不兼容。

任务2　计算机软件系统的优化与维护

一、Windows 10系统自带备份还原

1. 使用Windows 10自带的备份还原工具创建映像

(1) 在"控制面板"中选择"系统和安全"选项,如图7.3所示。

图 7.3　控制面板界面

（2）打开系统和安全选项后，选择"备份和还原（Windows 7）"选项，尽管名称中包含 Windows 7，但这个工具在 Windows 10 中也是可用的，如图 7.4 所示。

图 7.4　系统和安全界面

（3）选择"设置备份"选项，如图 7.5 所示。

（4）选择要保存备份的位置。可以选择本地计算机上的其他盘，也可以选择备份到网络上的其他位置，这里选择备份到 D 盘，如图 7.6 所示。

（5）选择要备份的内容，默认选择系统推荐的，也可以根据需要自定义备份文件内容，如图 7.7 所示。

（6）设置备份计划，默认是每周星期日的 19:00 定时备份，也可以根据自己的需要修改备份时间，最后单击"保存设置并运行备份（S）"，如图 7.8 所示。

图 7.5　文件备份界面

图 7.6　备份磁盘选择

(7) 开始备份，单击"查看详细信息"按钮查看详细备份信息，如图 7.9 所示。备份完成后可以在前面指定的位置查看备份的文件，如图 7.10 所示。

图 7.7　备份内容选择

图 7.8　备份计划设置

图 7.9　备份运行中

图 7.10　查看备份文件

2. 使用 Windows 10 自带的备份还原工具还原系统

（1）打开控制面板，选择"系统和安全"选项后，选择"备份和还原（Windows 7）"选项，单击"还原我的文件"，如图 7.11 所示。

（2）单击"浏览文件"或"浏览文件夹"按钮，选择前面备份的映像位置。浏览文件用于还原单个文件，浏览文件夹用于还原多个文件或者全部还原，根据需要选择，如图 7.12 所示。

图 7.11　系统还原界面

图 7.12　选择备份文件

（3）选择待还原位置，默认在原始位置还原文件，如果选择默认位置，则会提示在该位置存在相同文件，选择替换即可，如图 7.13、图 7.14 所示。

图 7.13 还原位置选择

图 7.14 复制和替换文件

(4)还原完成,可以单击"查看还原的文件"或者"查看还原日志",如图 7.15、图 7.16 所示。

图 7.15　还原完成

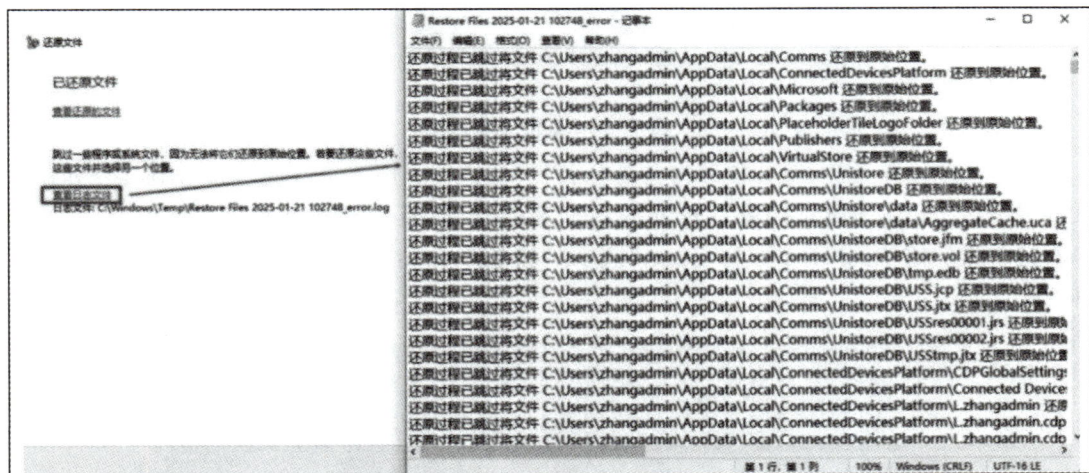

图 7.16　查看还原日志

二、Ghost 软件系统备份还原

1. Ghost 主界面功能介绍

一般启动 U 盘内都集成了 Ghost 工具软件，它可以很方便地帮助用户备份、还原系统。

Ghost 主界面如图 7.17 所示,Local 表示本地;Disk 表示硬盘,指整个物理硬盘;Partition 表示分区;To Image 表示"备份到……",Image 是映像,指 Ghost 文件存放于硬盘或分区中的特殊格式文件,扩展名为".gho";From Image 表示"从……还原"。

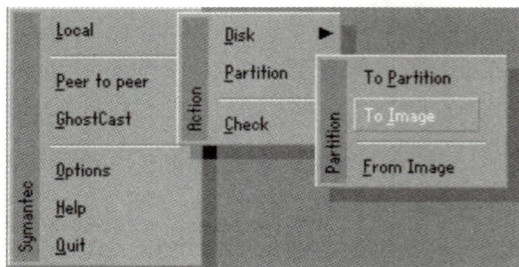

图 7.17　Ghost 主界面

2. 使用 Ghost 软件备份系统

在安装完计算机操作系统和应用软件后,将系统分区制作成映像文件,当系统出现问题时就可以方便、快捷地将系统还原到备份时的状态。

(1)运行 Ghost 后,用方向键将光标按"Local"→"Partition"→"To Image"的顺序进行选择,然后按 Enter 键,出现选择本地源硬盘号(源硬盘即为备份分区所在的硬盘)对话框。如果计算机中只安装了一块硬盘,则直接按 Enter 键即可;如果安装了多块硬盘,须谨慎选择硬盘,以免造成数据损失。本例中安装了两块硬盘,应先选择硬盘,然后按 Enter 键,如图 7.18 所示。

图 7.18　备份硬盘选择

(2)在选择源分区(源分区即为备份分区)对话框中,用上下方向键定位到要制作映像文件的分区上,按 Enter 键确认选择的源分区(可以重复此操作选择多个源分区),再按 Tab 键将光标定位到"OK"按钮上(此时"OK"按钮反白),如图 7.19 所示,再按 Enter 键继续。

图 7.19　备份分区选择

（3）按 Tab 键使"Look in"（选择映像文件保存的分区）处于选中状态，按向下方向键，弹出路径下拉菜单，选择文件存放路径，在"File name"文本框中输入映像文件名，还可以在"Image file description"文本框中输入对映像文件的描述性说明，如图 7.20 所示。

图 7.20　映像命名

（4）上述操作完成后，会出现压缩映像文件对话框，包括"No"（不压缩）、"Fast"（使用较快的速度和较低的压缩率备份）、"High"（使用较高的压缩率和较慢的速度备份）三种选项，压缩比越低，保存速度越快。用户可根据自己的需要选择相应的按钮，按 Enter 键确定，如图 7.21 所示。

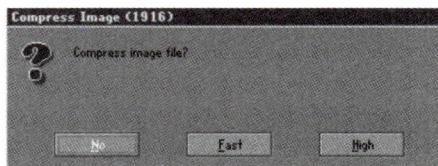

图 7.21　压缩方式选择

（5）在问题提示框中确认是否创建分区映像操作，用光标方向键移动到"Yes"按钮上，按 Enter 键确定，如图 7.22 所示。

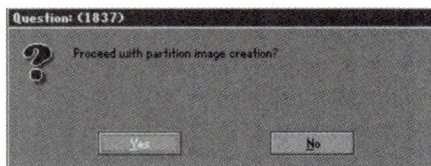

图 7.22　映像创建确认

（6）映像创建确认后，Ghost 即可开始制作映像文件，如图 7.23 所示，从进度条可以观察创建进度、速度等情况。在此界面可以按"Ctrl ＋ C"组合键终止操作。

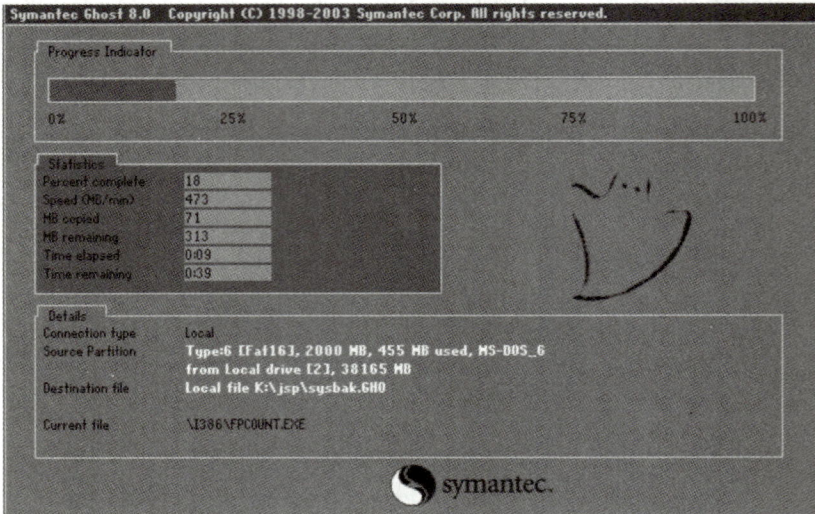

图 7.23 映像创建

3. 使用 Ghost 软件还原系统

制作好映像文件后,系统一旦出现问题,就可以方便快捷地将系统恢复到备份时的状态。

将映像文件还原到分区的步骤如下:

(1) 在 Ghost 主菜单中用方向键按"Local"→"Partition"→"From Image"的顺序进行选择,如图7.24 所示,然后按 Enter 键。

(2) 在打开的"映像文件恢复"对话框中,选择

图 7.24 系统还原选择

映像文件所在的分区、路径、文件名,按 Tab 键选中"Open"按钮并按 Enter 键,如图 7.25 所示。

图 7.25 映像文件选择

（3）在出现的选择本地目标硬盘号对话框中，选择本地目标硬盘号，如图 7.26 所示。在选择从硬盘选择目标分区窗口中用光标选择目标分区（即要还原到的分区），按 Enter 键，如图 7.27 所示。图 7.27 中的灰色分区表示这些分区不能进行此操作。

图 7.26 还原安装硬盘选择

图 7.27 还原安装分区选择

（4）在弹出的问题对话框中，确认是否继续操作以将目标分区中的数据覆盖，选择"Yes"按钮，如图 7.28 所示，按 Enter 键，Ghost 开始还原操作。

图 7.28 数据覆盖确认

（5）Ghost 开始还原映像文件时会出现进度提示框，从进度条可以观察还原进度，如图 7.29 所示。还原操作完成后，出现恢复完成提示框，其中"Continue"表示继续使用 Ghost 操作，"Reset Computer"表示重启计算机。选择后者，计算机会重启，如图 7.30 所示。至此还原操作完成。

图 7.29　还原过程

图 7.30　还原完成重启

三、计算机系统管理与优化

计算机系统管理与优化是一项复杂但必要的工作，涉及硬件、软件、网络和安全方面的多项操作。这里列出一些具体的操作步骤，以帮助管理员提升系统性能和稳定性。

1. 硬件管理

1）硬件监控

使用 HWMonitor 和 Speccy 等检测工具来监控系统硬件的状态，包括 CPU、内存和硬盘的温度、使用率及健康状况。定期检查这些指标，能够提前发现潜在的问题。

2）清洁与维护

每隔几个月打开机箱，使用压缩空气清除内部灰尘，特别是风扇和散热器部分。如果发现任何硬件部件（如硬盘）表现不佳，应考虑更换或升级。

2. 软件管理

1）操作系统优化

操作系统是计算机系统的基础，它直接影响系统的性能。定期更新操作系统可以获取最新的安全补丁和功能。优化设置如禁用不必要的启动项和系统服务，可以显著提高启动速度和日常操作响应。

2）应用程序管理

通过任务管理器中的"启动"选项卡，禁用不必要的启动项，可以显著减少系统启动时间；可保留必要的应用程序，如防病毒软件和常用应用。

3）磁盘清理

使用 Windows 自带的"磁盘清理"工具，清除临时文件、系统缓存以及不再需要的系统文件，可以释放更多磁盘空间。

3. 应用程序管理

1）更新与维护

定期检查并更新应用程序，确保使用的是最新版本。应用程序的更新通常包含性能改进和安全补丁。可以使用 Chocolatey 等软件包管理器在 Windows 上批量管理软件的安装、升级和卸载。

2）卸载冗余程序

检查已安装的软件列表，卸载不再使用或占用大量资源的程序。可以在控制面板的"程序和功能"中找到并删除这些软件。

4. 网络优化

1）路由器配置

登录到路由器的管理界面，确保启用了网络安全设置，包括 SSID 隐藏与 WPA3 加密。同时，可以根据需求调整 QoS（服务质量）设置，为高优先级的应用分配带宽。

2）使用 CDN

对于需要提供快速网页访问的应用，考虑使用内容分发网络（Content Delivery Network，CDN），将静态内容缓存到离用户更近的节点，可显著提高访问速度。

5. 安全管理

1）数据备份

使用外部硬盘或云存储服务（如 Google Drive 或 Dropbox）定期进行数据备份。可选择增量备份设置，只备份自上次备份以来的新数据，以节省存储空间。

2）安全审计

定期运行安全工具（如 Nessus、OpenVAS 等）进行漏洞扫描，及时修补发现的安全漏洞。确保防火墙和反病毒软件配置正确，并持续监控网络流量。

任务 3　外围设备与计算机的连接及共享

一、打印机的连接与共享

1. 打印机安装

安装打印机首先要将打印机与计算机进行物理连接。除无线连接方式外，目前最为常见的有线连接方式包括 USB 接口和网络接口连接，部分打印机同时支持这两种连接方式。下面以三星 CLP-310N 彩色激光打印机为例介绍这两种连接方式。

1）USB 连接方式安装打印机

（1）将 USB 连接线分别插入打印机和计算机的 USB 接口中，打印机的 USB 接口如图 7.31 所示。插上打印机电源线，打开电源开关后，计算机操作系统会发现新硬件并试图从网络上安装打印机驱动，单击"关闭"按钮，如图 7.32 所示。

图 7.31　USB 接口　　　　　图 7.32　关闭驱动网络安装

（2）从打印机的驱动光盘中执行"setup.exe"程序进行驱动安装。如图 7.33 所示，选择语言类型为"中文（简体）"，单击"下一步"按钮。

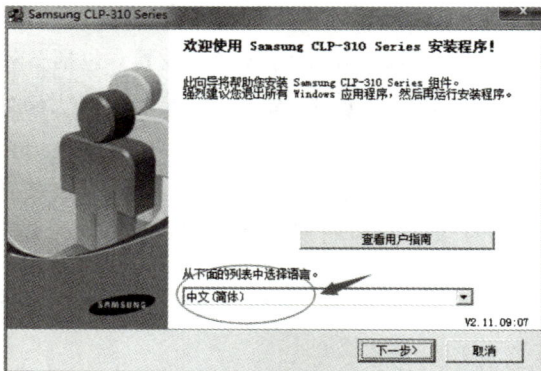

图 7.33　光盘安装驱动

（3）如图 7.34 所示，选择安装类型为"本地打印机的典型安装"，然后单击"下一步"按钮，中途不需要设置；打印机安装完成后在"控制面板"中的"设备和打印机"项中会出现新安装的打印机图标，如图 7.35 所示。

图 7.34　本地安装

图 7.35　安装成功后的打印机

2）网络连接方式安装打印机

采用网络连接方式安装打印机与 USB 连接方式有所不同。

（1）将网线插入打印机的网络接口（如图 7.36 所示），开启打印机电源，确保计算机和打印机在同一个网络内。由于防火墙是内部网络与外部环境之间的边界保卫安全系统，有时会屏蔽网络软件的安装及使用，因此要关闭防火墙（如图 7.37 所示），才能顺利通过网络安装打印机。

图 7.36　打印机的网络接口

图 7.37　关闭防火墙

(2) 配置打印机的 IP 地址，这里需要用到"SetIP"工具软件。"SetIP"存放在驱动光盘"Application"文件夹下的"SetIP"目录中，进入目录后执行"setup. exe"程序进行安装。选择安装语言后单击"下一步"按钮，直到安装完成。在"开始"菜单下的"所有程序"中找到"SetIP"选项并运行，如图 7.38 所示。

(3) 双击"Set IP"主界面中的打印机列表，在弹出的对话框中修改 IP 地址、子网掩码和默认网关。修改完毕后单击"应用"按钮，如图 7.39 所示。修改成功后，打印机会打印一张含有修改后的 IP 地址、子网掩码和默认网关的网络配置报告页。然后，开启防火墙。

图 7.38　IP 设置选项　　　　　　　　图 7.39　打印机 IP 设置图

(4) 从打印机的驱动光盘中执行"setup. exe"程序进行驱动安装。选择语言类型为"中文(简体)"后单击"下一步"按钮。安装类型选择"网络打印机的典型安装"选项，单击"下一步"按钮，如图 7.40 所示。

图 7.40　网络打印机安装选择

(5) 在"选择打印机端口"界面中，选择"TCP/IP 端口"选项以及与之前设置的 IP 所对应的打印机，单击"下一步"按钮，直到安装完成，如图 7.41、图 7.42 所示。设置完毕后，可以打印一张测试页进行检测。

图 7.41　打印机端口选择

图 7.42　网络打印机安装完成

2. 打印机共享

打印机是常用的办公设备，在局域网中可以通过设置达到打印机资源共享。下面以 Windows 7 为例，介绍如何设置打印机共享。

1）取消禁用 Guest 用户

其他用户访问已安装打印机的计算机时，是以 Guest 账户进行访问的。单击"开始"按钮，在"计算机"选项上单击右键，选择"管理"选项，在弹出的"计算机管理"窗口中找到"Guest"用户，双击"Guest"，打开"Guest 属性"窗口，确保"账户已禁用"选项未被勾选，如图 7.43～图 7.45 所示。

图 7.43　打开计算机管理

图 7.44　Guest 用户选择

图 7.45　Guest 账户禁用选项

2) 设置共享目标打印机

单击"开始"按钮，选择"设备和打印机"选项，如图 7.46 所示。在弹出的窗口中找到需共享的打印机(确保打印机已正确连接，驱动已正确安装)，在该打印机图标上单击右键，选择"打印机属性"选项，如图 7.47 所示。切换到"共享"选项卡，选中"共享这台打印机"复选框，并设置一个共享名(请记住该共享名，稍后的设置可能会用到)，如图 7.48 所示。

图 7.46　打开设备和打印机

图 7.47　打印机属性

图 7.48　设置打印机共享

3）高级共享设置

在系统托盘的网络连接图标上单击右键，选择"打开网络和共享中心"选项，如图 7.49 所示。

图 7.49　打开网络共享

牢记所处的网络类型，接着在弹出的窗口中单击"选择家庭组和共享选项"选项，选择 "更改高级共享设置"选项，如图 7.50、图 7.51 所示。

图 7.50   家庭组选择

图 7.51   家庭组和高级共享设置选择

如果用户采用的是家庭或工作网络,"更改高级共享设置"的具体设置可参考图 7.52 所示的方式,其中的关键选项已经用圆圈标示,设置完成后保存修改。

图 7.52   家庭组的高级设置菜单

如果用户采用的是公共网络，具体设置和家庭组类似，但相应地应该设置"公用"选项下的内容，而不是"家庭或工作"选项下的内容，如图 7.53 所示。

图 7.53　公共网络高级共享设置

4）设置工作组

在添加目标打印机之前，首先要确定局域网内的计算机是否都处于一个工作组，具体过程如下：

单击"开始"按钮，在"计算机"选项上单击右键，选择"属性"选项，在弹出的如图 7.54 所示的窗口中找到工作组。如果计算机的工作组设置不一致，则单击"更改设置"按钮；如果一致，则可以直接退出。注意：请牢记"计算机名"，稍后的设置会用到。

图 7.54　计算机属性窗口

如果局域网内的计算机处于不同的工作组，可以在如图 7.55 所示的窗口中进行设置。

注意：此设置要在重启后才能生效，所以在设置完成后应重启计算机，使设置生效。

图 7.55　工作组更改

5) 添加打印机

在其他计算机上添加目标打印机的操作是在局域网内其他需要共享打印机的计算机上进行的。

（1）进入"控制面板"，打开"设备和打印机"窗口，并选择"添加打印机"选项。选择"添加网络、无线或 Bluetooth 打印机"，单击"下一步"按钮，如图 7.56、图 7.57 所示。

图 7.56　设备和打印机界面

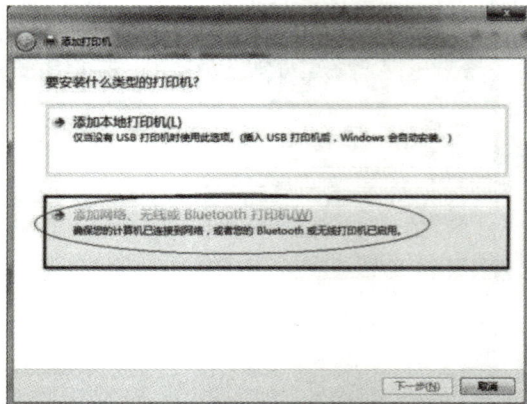

图 7.57　添加网络打印机

单击"下一步"按钮之后，系统会自动搜索可用的打印机。如果前述的设置步骤无误，只需耐心等待，一般系统都能找到所设置的打印机，之后只需按照提示操作即可。

（2）如果等待后系统找不到所需要的打印机，可以选中"我需要的打印机不在列表中"选项，然后单击"下一步"按钮，如图 7.58 所示。之后的设置方法较多，在此只介绍常用的两种。

① 第一种方法，选择"浏览打印机"选项，单击"下一步"按钮，找到与打印机连接的计算机，单击"选择"按钮，系统会自动找到该打印机的驱动并安装，如图 7.59～图 7.61 所示。至此，打印机已成功添加。

图 7.58 设备和打印机界面

图 7.59 添加网络打印机

图 7.60 找到与打印机连接的计算机

图 7.61　选择目标打印机

　　② 第二种方法，在"添加打印机"窗口选择"按名称选择共享打印机"选项，并且输入"\\计算机名\打印机名"。如果前述的设置正确，当还未输完共享打印机的完整地址时，系统就会给出如图 7.62 所示的提示，接着单击"下一步"按钮。如果此步操作中系统没有自动给出提示，直接单击"下一步"按钮可能会无法找到目标打印机，此时可以把"计算机名"用"IP"来替换，例如 IP 为 10.0.32.80，那么则应输入"\\10.0.32.80\Canon"。

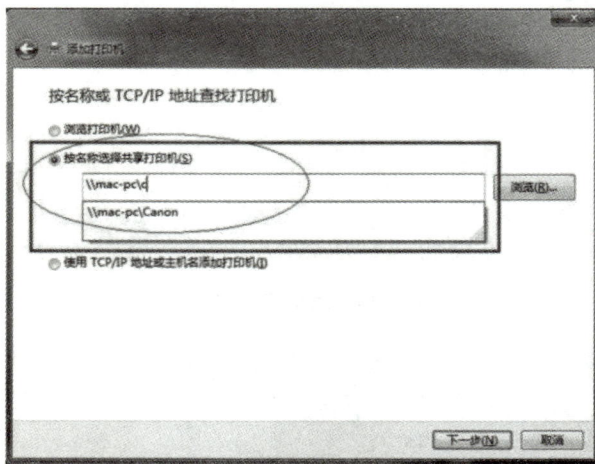

图 7.62　自动提示

　　添加完成后，系统会找到该设备并安装驱动，只需耐心等待即可，如图 7.63 所示。接着系统会给出提示，告诉用户打印机已成功添加，直接单击"下一步"按钮。至此，打印机已添加完毕。如有需要，用户可单击"打印测试页"按钮，测试打印机是否能正常工作，也可以直接单击"完成"按钮退出此窗口，如图 7.64、图 7.65 所示。

图 7.63　选择目标打印机

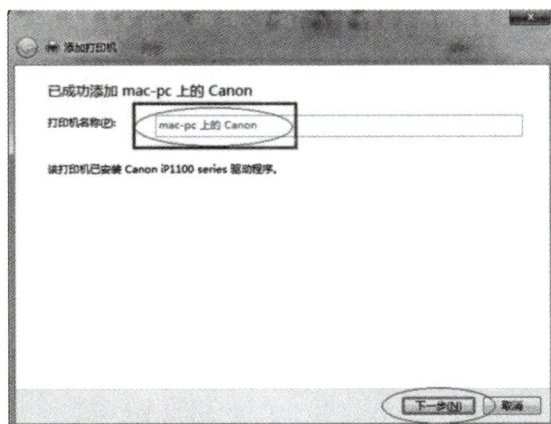

图 7.64　打印机添加成功　　　　　　　　图 7.65　测试页打印

二、家用无线网络设置

1. 宽带接入方式

无线路由器可以实现宽带共享功能，为局域网内的计算机、手机、笔记本电脑等终端提供有线、无线接入网络。现以普联公司 WR845N 无线路由器为例，介绍家用无线网络的设置。

根据入户宽带线路的不同，宽带接入方式分为电话线方式、光纤方式、网线方式三种，如图 7.66~图 7.68 所示。连接完成后，检查路由器的指示灯是否正常，如图 7.69 所示。

图 7.66　电话线方式

图 7.67 光纤方式

图 7.68 网线方式

指示灯	描述	正常状态
✿	系统状态指示灯	常亮
🖳	局域网状态指示灯	常亮或闪烁
⊘	广域网状态指示灯	常亮或闪烁

图 7.69 路由器指示灯状态图

2. 设置连接路由器的计算机

1) 自动获取 IP 地址

设置路由器之前，需要将计算机设置为自动获取 IP 地址。Windows 7 有线网卡自动获取 IP 地址的详细设置步骤如下：

（1）鼠标单击计算机桌面右下角的小计算机图标，在弹出的对话框中选中"打开网络和共享中心"选项，如图 7.70 所示。

（2）弹出"网络和共享中心"界面，选中"更改适配器设置"选项，如图 7.71 所示。

（3）找到"本地连接"，右键单击并选择"属性"选项，如图 7.72 所示。

图 7.70 打开网络共享

图 7.71 更改适配器设置

图 7.72 本地连接

（4）找到并选中"Internet 协议版本 4（TCP/IPv4）"，单击"属性"按钮，如图 7.73 所示。

（5）在"Internet 协议版本 4（TCP/IPv4）属性"对话框中，IP 地址、DNS 服务器地址均设为自动获取，如图 7.74 所示。

图 7.73 TCP/IPv4 选择

图 7.74 自动获取 IP 设置

2）确认计算机是否成功获得 IP 地址

（1）在"控制面板"的"网络和共享中心"中选择"更改适配器设置"选项，找到"本地连接"，右键单击并选择"状态"选项，如图 7.75 所示。

（2）单击"详细信息"按钮，如图 7.76 所示。

（3）在"详细信息"列表中确认"已启用 DHCP"的状态为"是"，而且可以看到自动获取到的 IPv4 地址、默认网关、DNS 服务器地址等信息，表明计算机自动获取 IP 地址成功，如图 7.77 所示。

图 7.75　本地连接状态选择　　　　　图 7.76　IP 详细信息选择

图 7.77　IP 详细信息查看

以上即为有线网卡自动获取 IP 地址的设置方法。

3. 登录界面管理

1) 输入管理地址

打开计算机桌面上的 IE 浏览器,清空地址栏并输入"192.168.1.1"(路由器默认管理 IP 地址),如图 7.78 所示,按 Enter 键后页面会弹出登录框。

图 7.78　地址输入

2）登录管理界面

在对应的位置分别输入用户名和密码，单击"确定"按钮。默认的用户名和密码均为"admin"，如图 7.79 所示。

图 7.79　输入用户名和密码

4．设置路由器

1）开始设置向导

进入路由器的管理界面后，选择"设置向导"选项，单击"下一步"按钮，如图 7.80 所示。

图 7.80　设置向导选择

2）选择上网方式

用户一般是通过运营商分配的宽带账号和密码进行 PPPoE 拨号上网的。上网方式选择"PPPoE（ADSL 虚拟拨号）"，单击"下一步"按钮，如图 7.81 所示。

图 7.81　上网方式选择

3）输入上网宽带账号和密码

在对应的设置框输入运营商提供的宽带账号和密码，并确定该账号和密码输入正确，如图 7.82 所示。

图 7.82　宽带账号和密码输入

4）设置无线参数

SSID（即无线网络名称）可根据实际需求设置，选中"WPA-PSK/WPA2-PSK"并设置 PSK 无线密码，单击"下一步"按钮，如图 7.83 所示。

5）设置完毕重启路由器

单击"重启"按钮，弹出对话框后单击"确定"按钮，如图 7.84 所示。

图 7.83　无线参数设置

图 7.84　重启设置

6）成功设置确认

路由器重启完成后，进入路由器管理界面，选择"运行状态"选项，查看 WAN 口状态，如图 7.85 所示对话框内的 IP 地址不为"0.0.0.0"，则表示设置成功。网络连接成功，则表明路由器已经设置完成。

图 7.85　WAN 口状态

5. 连接使用

家用无线网络配置成功后，可以连接多种终端，比如 Windows 终端、Android 终端、iOS 苹果终端等，即各种笔记本电脑、智能手机、平板电脑、平板电视等。

思　考　题

（1）计算机硬件保修需要注意哪些事项？

（2）怎样为系统备份，怎样进行系统还原？

（3）打印机共享如何设置？

（4）尝试重新设置家庭无线路由器。

参 考 文 献

[1]　杜飞明，张迎献. 计算机组装与维护[M]. 2 版. 西安：西安电子科技大学出版社，2012.

[2]　柏世兵，赵友贵，陈小莉，等. 计算机组装与维护[M]. 西安：西安电子科技大学出版社，2015.

[3]　高立丽，帅志军. 计算机组装与维护项目教程[M]. 北京：清华大学出版社，2016.

[4]　何新洲，刘振栋. 计算机组装与维护[M]. 北京：清华大学出版社，2015.

[5]　李秀，安颖莲，姚瑞霞，等. 计算机文化基础[M]. 5 版. 北京：清华大学出版社，2005.

[6]　王红军. 笔记本电脑维修宝典[M]. 北京：机械工业出版社，2014.

[7]　徐伟，张鹏. 电脑硬件选购、组装与维修从入门到精通[M]. 4 版. 北京：中国铁道出版社，2014.

[8]　高立兵. 计算机组装与维护教程[M]. 沈阳：东北大学出版社，2021.

[9]　文杰书院. 计算机组装·维护与故障排除基础教程[M]. 3 版. 北京：清华大学出版社，2020.

[10]　徐绕山. 计算机组装与维护标准教程[M]. 北京：清华大学出版社，2021.